T0062120

Virus

Virus
Una breve introducción
Dorothy H. Crawford
Traducción de Dulcinea Otero-Piñeiro

Antoni Bosch editor, S.A.U.
Manacor, 3, 08023 Barcelona
Tel. (+34) 206 07 30
info@antonibosch.com
www.antonibosch.com

Viruses. A Very Short Introduction was originally published in English in 2020 (first published 2011). The translation is published in arrangement with Oxford University Press. Antoni Bosch editor is solely responsible for this translation from the original work and Oxford University Press shall have no liability for any errors, omissions or inaccuracies or ambiguities in such translation or for any losses caused by reliance thereon.

Viruses. A Very Short Introduction fue originalmente publicado por Oxford University Press en 2018 (primera edición 2011). Esta traducción ha sido publicada de acuerdo con Oxford University Press. Antoni Bosch editor es el único responsable de la traducción de la obra original, y Oxford University Press no tiene ninguna responsabilidad en caso de errores, omisiones o ambigüedad en los términos de la traducción.

ISBN: 978-84-121063-8-1
Depósito legal: B. 14168-2020

Diseño de cubierta: Compañía
Maquetación: JesMart
Corrección: Ester Vallbona
Impresión: Akoma

Índice

Prólogo

En diciembre de 2019 un nuevo virus saltó a la especie humana en Wuhan, China. Probablemente procediera de un murciélago y accediera al ser humano a través de algún intermediario, alguno de los ejemplares a la venta en un mercado de animales vivos. A pesar del veloz aislamiento de la zona de Wuhan y de la prohibición de viajar, el virus se propagó por toda China en cuestión de semanas, donde hubo miles de personas contagiadas.

Este virus, identificado como un coronavirus relacionado con el del síndrome respiratorio agudo grave 1 (SARS-CoV-1) y bautizado como SARS-CoV-2, se contagia entre personas a través de las gotitas que quedan suspendidas en el aire al toser o estornudar y causa una enfermedad respiratoria. Tras un periodo máximo de incubación de dos semanas, los síntomas iniciales más comunes son tos persistente, fiebre y pérdida del sentido del gusto y el olfato. La enfermedad, que se conoce como COVID-19 (por su nombre en inglés *COronaVIrus Disease-2019*), llega a ser grave y a requerir asistencia en las unidades de cuidados intensivos, sobre todo en el caso de personas mayores y aquellas que sufren enfermedades crónicas. La tasa global de mortalidad para la COVID-19 ronda entre el 1% y el 2%, aunque es probable que haya muchas infecciones leves o asintomáticas que no lleguen a detectarse.

A través de viajeros infectados, el virus se propagó con rapidez a otros países de Asia, después a Europa y más tarde al continente americano. El 11 de marzo de 2020, cuando las unidades de asistencia sanitaria de todo el mundo se vieron sobrepasadas por los casos de COVID-19, la OMS declaró oficialmente este virus como pandemia. Muchos países reaccionaron ante la crisis imponiendo el cierre de centros de enseñanza, de espacios públicos de reunión y la suspensión de todas las actividades laborales exceptuando los servicios esenciales, y permitiendo que la población saliera de sus viviendas únicamente una vez al día para practicar ejercicio físico y realizar compras básicas. El objetivo de todas estas medidas fue reducir la transmisión del virus, y a día de hoy (junio de 2020) la estrategia parece funcionar. En países europeos como Italia y España, que fueron de los primeros en sufrir epidemias graves de SARS-CoV-2, se está procediendo en la actualidad a una relajación de las medidas de confinamiento de la población. Sin embargo, hasta que exista una vacuna que impida por completo la transmisión del virus, será casi inevitable que se produzcan rebrotes locales de la enfermedad.

La autora ofrece en esta obra una introducción a los virus y sus formas de vida, a la batalla constante que mantienen los virus y el sistema inmunitario de los individuos infectados, y a cómo surgen y causan brotes, epidemias y pandemias virus nuevos como el coronavirus de 2019. Los últimos capítulos del libro abordan los virus persistentes, los que se quedan en el organismo durante toda la vida, algunos de los cuales llegan a causar tumores. La obra termina con un recorrido histórico por la naturaleza cambiante de las infecciones víricas, y especula sobre los desafíos que plantearán en el futuro. En el glosario final se explican diversos términos especializados y la procedencia de los nombres de los virus.

Agradecimientos

Mis agradecimientos son para el doctor Ingolfur Johannessen, por su consejo profesional. Además, me siento profundamente en deuda con la doctora Karen McAulay, quien aportó información esencial para el capítulo del libro dedicado a los virus transmitidos por artrópodos, un apartado nuevo en esta edición.

Relación de ilustraciones

8 Gráficas con los casos de Ébola en Guinea, Liberia y Sierra Leona entre 2014-2016, pág. 68
Extraído de <http://www.bbc.co.uk/news/world-africa-28755033>, con permiso, basado en datos tomados de los informes sobre la situación del Ébola, resumen de datos, todos los datos y estadísticas y mapas del Ébola de la OMS: <http://www.who. int/csr/disease/ebola/en>

9 La emergencia del SARS en Hong Kong, de febrero a junio de 2003, pág. 69
Extraído de *SARS in Hong Kong: From Experience to Action, Report of the SARS Expert Committee*, capítulo 3 (octubre de 2003), con permiso.

10 Número estimado de muertes relacionadas con el sida, nuevas infecciones por VIH y personas que viven con VIH en todo el mundo (1990-2015), pág. 74
Datos extraídos de sida ONU (a través de <http://www.aidsinfoonline.org>), disponibles en OurWorldinData.org. Con licencia de CC-BY-SA obtenida por el autor Max Roser. <https://ourworldindata.org/wp-content/uploads/2013/11/HIV-AIDS.png>

11 Ciclo de transmisión de la fiebre amarilla, pág. 85
Extraído de D. H. Crawford, *The Invisible Enemy* (OUP, 2000), pág. 26, fig. 1.4 © Oxford University Press.

12 Distribución mundial del virus del Zika, el virus del dengue y el virus de la chikunguña, págs. 87-89
Jessica Patterson, DM et al., «Dengue, Zika and Chikungunya: Emerging Arboviruses in the New World», *Western Journal of Emergency Medicine*; vol. 17, núm. 6 (noviembre de 2016).

13 Hospitalizaciones por crup de niños menores de quince años en EE. UU., 1981-2002, pág. 109
Extraído de S. D. Roxborgh et al., «Trends in pneumonia and empysema in Scottish children in the past 25 years», *BMJ* vol. 93 (1 de abril de 2008) con permiso de BMJ Publishing Group Ltd.

14 Niveles de CD4 y de carga viral durante las fases aguda, asintomática y sintomática de la infección por VIH, pág. 133
Extraído de A. Mindel y M. Tenant-Flowers, «Natural History and Management of early HIV infection», *ABC of Aids* (2001), con permiso de BMJ Publishing Group Ltd.

15 Mapa mundial con la prevalencia de las infecciones por VHB y VHC, pág. 139
Basado en datos de la OMS.

16 Mapa del mundo con la prevalencia de la infección por HTLV-1, pág. 150
Basado en datos de la OMS.

17 Mapa de Burkitt con la distribución del linfoma de Burkitt en África, pág. 155
Extraído de D. Burkitt, «Determining the Climatic Limitations of Children's Cancer Common in Africa», *British Medical Journal*, 2 (1962): 1019-23, con permiso de BMJ Publishing Group.

18 Estimación de 2002 de la incidencia y los índices de mortalidad del cáncer de cuello de útero en edades estandarizadas en distintas regiones del mundo, pág. 165
Reproducido con permiso de Globocan 2002: Cancer Incidence Mortality and Prevalence Worldwide IARC CancerBase, núm. 5, versión 2.0, 2004, Lyon: IARCPress. Con permiso de IARC, 2017.

19 *La viruela de la vaca o los maravillosos efectos de la
nueva inoculación*, de James Gillray, 1802, pág. 170
Viñeta extraída de la British Cartoon Prints Co-
llection. Prints & Photographs Division, Biblioteca
del Congreso de EE. UU., LC-USZC4-3147.

Introducción

Este libro ofrece una introducción a los virus escrita para un público general. Los capítulos 1 y 2 son una presentación preliminar de los virus, su estructura y diversidad, así como de dónde y cómo viven y sus efectos, tanto en un individuo infectado como a escala planetaria. Después esbozaremos la batalla constante que mantienen los virus y el sistema inmunitario del individuo infectado, y proseguiremos con una serie de capítulos (del 4 al 8) dedicados a infecciones debidas a grupos específicos de virus, ya sean emergentes, epidémicos o pandémicos, o aquellos que permanecen en el cuerpo toda la vida, algunos de los cuales llegan a causar tumores. Los capítulos 9 y 10 abordan cómo ha avanzado el conocimiento de los virus a lo largo de los siglos, y la manera en que la reciente revolución molecular ha mejorado la capacidad para aislar nuevos virus y diagnosticar y tratar infecciones víricas. El capítulo 10 incluye una perspectiva histórica sobre el patrón variable que manifiestan las infecciones víricas con el paso del tiempo y especula con las posibles interacciones futuras entre el ser humano y los virus.

En la medida de lo posible, la autora ha eludido el empleo de terminología especializada y técnica en el texto, pero, cuando ha sido inevitable, el significado de los términos se explica en el glosario, lo que también incluye la derivación de los nombres de los virus. Además, se ofrece un listado de lecturas adicionales recomendadas.

1
¿Qué son los virus?

Es el microbio un ser tan diminuto
que nadie alcanza a verlo en absoluto,
mas mucho optimista espera de propio
llegar a verlo con el microscopio.
Verle la lengua, toda articulada,
tras cien hileras de dientes guardada,
las siete colas con siete coletas
llenas de pintas rosas y violetas,
cada una de ellas tan sobresaliente
con sus cuarenta franjas relucientes.
Ni de eso ni de sus verdes ojazos
nadie vio jamás ni un solo pedazo,
mas los científicos, reyes del saber,
juran y perjuran que así ha de ser...
¡Oh, que nadie nunca a dudar se atreva
de cosas de las que no existe prueba!

«El microbio» (1896)
Hilaire Belloc
(Trad. al castellano de Víctor V. Úbeda)

Los microbios primitivos aparecieron en la Tierra por
evolución hace unos 3.000 millones de años, pero el
ser humano no consiguió aislarlos hasta finales del siglo XIX, unos veinte años antes de que Hilaire Belloc

escribiera «El microbio». Aun así, este poema a modo
de divertimento refleja el escepticismo de los tiempos.
Hizo falta un gran acto de fe para que la gente acep-
tara que unos organismos diminutos eran los responsables de enfermedades que hasta entonces se habían
atribuido o bien a la voluntad de los dioses o bien a
alineamientos planetarios o bien a vapores de mias-
mas que emanan de ciénagas y materia orgánica en
descomposición. Desde luego, el crédito generalizado
no llegó de la noche a la mañana, pero, a medida que
se identificaron más y más microbios, fue arraigando
la «teoría del germen», y a comienzos del siglo xx ya se
admitía, incluso fuera de los círculos científicos, que
los microbios pueden causar enfermedades.

Un elemento clave para este salto trascendental
en el conocimiento lo constituyeron los avances en
microscopia logrados por el fabricante holandés de
lentes Antoni van Leeuwenhoek (1632-1723) en el siglo xvi. Él fue el primero que vio microbios, pero
hubo que esperar hasta mediados del siglo xix para
que Louis Pasteur (1822-1895) desde París y Robert
Koch (1843-1910) desde Berlín constataran que los
«gérmenes» son los causantes de las enfermedades
contagiosas. Pasteur fue decisivo para descartar la
creencia general en la «generación espontánea», es
decir, la generación de vida a partir de materia inor-
gánica. Él evidenció que el desarrollo de moho sobre
el caldo se podía prevenir hirviéndolo y colocándolo
después en una cámara con filtros que impidieran
la entrada de cualquier materia particulada del aire.
Esto demostró la existencia de «gérmenes» microscópicos aerotransportados.

Koch descubrió la primera bacteria, *Bacillus anthracis*, en 1876. Pronto desarrolló métodos para cul-

tivar microbios en laboratorio, y después, uno detrás de otro, se fueron identificando y caracterizando los microbios causativos de enfermedades tan temidas como carbunco, tuberculosis, cólera, difteria, tétanos y sífilis. Se vio con claridad que las bacterias tienen una estructura similar a las células de mamífero, con una pared celular alrededor del citoplasma que contiene una única molécula circular y enroscada de ADN. La mayoría vive libre y es capaz de fabricar todas las proteínas necesarias para metabolizar y dividirse.

Sin embargo, quedaba un grupo de enfermedades infecciosas para las que no se conseguía detectar un organismo causativo, como la viruela, el sarampión, la rubeola y la gripe. Era obvio que se trataba de microbios muy pequeños, puesto que atravesaban los filtros que cribaban las bacterias y, por consiguiente, se los llamó *agentes filtrables*. Por entonces, la mayoría de los científicos pensaba que estos no eran más que bacterias diminutas.

En 1876, Adolf Mayer (1843-1942), director de la Estación Experimental Agrícola de Wageningen, Países Bajos, empezó a investigar una enfermedad nueva de la planta del tabaco que devastaba la industria tabaquera holandesa. La denominó *enfermedad del mosaico del tabaco*, por las manchas moteadas que causa en las hojas de las plantas enfermas. Evidenció que la enfermedad se contagiaba al transmitirla a plantas sanas usando savia extraída de ejemplares enfermos. Pensó que la enfermedad se debía a alguna bacteria muy pequeña o a alguna toxina.

Con posterioridad, el biólogo Dmitri Ivanovski (1864-1920) también trabajó con la enfermedad del mosaico del tabaco desde la Universidad de San Petersburgo en Rusia y, en 1892, demostró que el agente causativo de esta atravesaba filtros que atrapaban bacterias. Al igual que Mayer, planteó que se debía a alguna toxina química producida por una bacteria.

En 1898, Martinus Beijerinck (1851-1931), de la escuela de Agricultura de Wageningen, prosiguió con los experimentos de Mayer y demostró que el agente crecía dividiendo células y que recuperaba toda su fuerza cada vez que infectaba una planta. Concluyó que el responsable era un microbio vivo, y fue el primero en acuñar el nombre de *virus*, vocablo latino que significa «ponzoña», «veneno» o «fluido viscoso».

A comienzos del siglo xx los virus se definieron como un grupo de microbios infecciosos, filtrables y que necesitan células vivas para su propagación, pero su estructura seguía siendo un misterio. En la década de 1930 se obtuvo el virus del mosaico del tabaco en forma cristalina, lo que sugería que los virus se componen por completo de proteína, pero poco después se descubrió un componente de ácido nucleico que se reveló esencial para la infecciosidad. Sin embargo, hubo que esperar aún hasta la invención del microscopio electrónico, en 1939, para ver por primera vez los virus y dilucidar su estructura, lo que los evidenció como una clase particular de microbios.

Los virus no son células, sino partículas. Consisten en una carcasa de proteína que rodea y protege su material genético o, tal como lo expresó el célebre inmunólogo Peter Medawar (1915-1987), son «una mala noticia envuelta en proteína». El conjunto de la estructura se denomina *virión*, y la carcasa exterior recibe el nombre de *cápside*. Las cápsides presentan formas y tamaños diversos y característicos de la familia a la que pertenece el virus. Están formadas por subunidades proteicas denominadas *capsómeros*, y la disposición de estos en torno al material genético central es lo que determina la forma del virión. Por ejemplo, los poxvirus tienen forma de ladrillo, los herpesvirus tienen forma de esfera icosaédrica (de veinte lados), el virus de la rabia (un lisavirus) tiene forma de bala, y el virus del mosaico del tabaco es fino y alargado como una vara (figura 1). Algunos virus poseen una capa exterior alrededor de la cápside llamada *envoltura*.

Casi todos los virus son demasiado pequeños para verlos con un microscopio óptico. En general son entre 100 y 500 veces más pequeños que una bacteria, y sus tamaños varían desde los 20 hasta los 300 nanómetros de diámetro (1 nm es la milmillonésima parte de un metro) (figura 2). Aun así, el gigantesco mimivirus (abreviatura de *Microbe Mimicking Virus* o «virus imitador de microbios») descubierto recientemente constituye una excepción, ya que su diámetro ronda los 700 nm, mayor que el de algunas bacterias. Dentro de la cápside viral se encuentra el material genético, o genoma, formado o bien por ARN o bien por ADN, dependiendo del tipo de virus (figura 3). El genoma contiene los genes del virus, portadores del código necesario para crear nuevos virus, y transmite estas características heredadas a la siguiente generación. Los virus suelen tener entre 4 y 200 genes, pero una vez más el mimivirus se revela excepcional, ya que se calcula que porta entre 600 y 1.000 genes, una cantidad mayor que muchas bacterias.

Las células de los organismos de vida libre, incluidas las bacterias, contienen una variedad de orgánulos esenciales para la vida, como los ribosomas, que fabrican proteínas, mitocondrias u otras estructuras productoras de energía, y membranas complejas para transportar moléculas dentro de la célula y

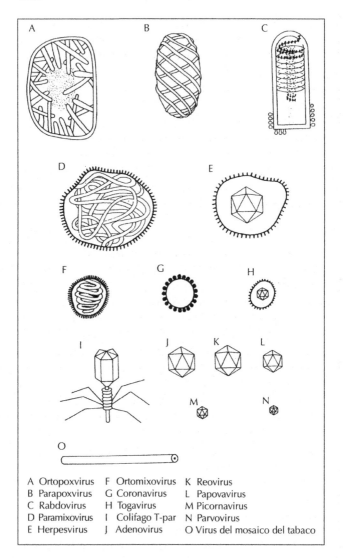

1. La estructura de los virus.

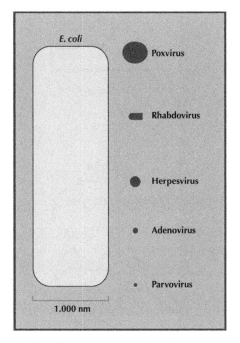

2. Tamaños comparativos de una bacteria
típica y un virus representativo.

también a través de la pared celular. Como los virus
no son células, no contienen nada de todo esto y, por
tanto, permanecen inertes hasta que infectan una
célula viva. Cuando lo hacen, se apoderan de los orgánulos de la célula para usarlos de acuerdo con sus
necesidades, lo que a menudo acaba matando la célula en el proceso. Por tanto, los virus necesitan extraer
los componentes esenciales de otros entes vivos para
completar su ciclo vital, de ahí que se los denomi-
ne *parásitos obligados*. Hasta el mimivirus, que infecta
amebas, necesita tomar prestados los orgánulos de

27

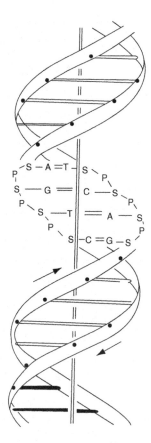

3. Estructura del ADN, donde se muestran las dos hebras complementarias que conforman la hélice. La columna vertebral de cada hebra se compone de moléculas de azúcar desoxirribosa (S) conectadas entre sí mediante moléculas de fosfato (P). Cada azúcar está unido a una molécula de nucleótido, y estas forman las «letras» del alfabeto genético, que son adenina (A), guanina (G), citosina (c) y timina (T). La estructura del ARN es similar a la del ADN solo que sus nucleótidos son adenina, guanina, citosina y uracilo (U).

la ameba para fabricar las proteínas necesarias para ensamblar nuevos mimivirus.

Los virus de las plantas acceden al interior de las células, bien a través de una rotura en la pared celular, bien inyectados por un insecto vector chupador de savia, como los áfidos. A partir de ahí se propagan con gran eficacia de célula en célula a través de los plasmodesmos, poros que transportan moléculas entre células. En cambio, los virus animales infectan las células uniéndose a moléculas que son receptores específicos de la superficie celular. Los receptores celulares son como un candado y solo los virus portadores de la llave con el ligando correcto son capaces de abrirlo para penetrar en esa célula particular. Las moléculas receptoras difieren de un tipo de virus a otro; aunque algunas se encuentran en la mayoría de las células, otras se restringen a determinados tipos de células. Un ejemplo bien conocido lo ofrece el virus del sida, el virus de inmunodeficiencia humana (VIH) que porta la llave para abrir el candado CD4, de modo que solo las células con moléculas CD4 en su superficie se pueden infectar con él. Esta interacción específica determina el resultado de la infección y, en el caso del VIH, conduce a la destrucción de las células T «cooperadoras» CD4 positivas, que son críticas para la respuesta inmunitaria. Al final, el sistema inmunitario se acaba colapsando y aparecen infecciones oportunistas. Esto es fatal a menos que se trate con fármacos antivirales.

Toda vez que un virus se une a su receptor celular, la cápside penetra en la célula y libera su genoma (ADN o ARN) en el citoplasma de la célula. El «objetivo» principal de un virus es lograr reproducirse, y para ello su material genético debe transmitir la información que porta. La mayoría de las veces, esto se produce en el núcleo de la célula, donde el virus tiene acceso a las moléculas que necesita para empezar a fabricar sus propias proteínas. Algunos virus grandes, como los poxvirus, portan genes para las enzimas necesarias para fabricar sus proteínas, de modo que son más autosuficientes y son capaces de completar todo su ciclo vital en el citoplasma.

Una vez dentro de la célula, los virus de ADN se limitan a hacerse pasar por elementos del ADN celular, y sus genes se transcriben y traducen usando toda la maquinaria que precisan de la célula. El código del ADN viral se transcribe a mensajes de ARN que los ribosomas de la célula leen y traducen en proteínas virales individuales. Los distintos componentes del virus se ensamblan entonces en miles de nuevos virus que suelen empaquetarse tan apretados dentro de la célula que esta acaba por reventar y liberarlos, lo que inevitablemente la mata. En otras ocasiones, los nuevos virus salen de una forma bastante más sosegada a través de la membrana celular. En este caso, puede que la célula sobreviva y actúe como reservorio de la infección.

Los virus de ARN van un paso por delante de los virus de ADN en tanto que ya cuentan con un código genético en forma de ARN. Como portan enzimas que permiten copiar y traducir su ARN en proteínas, no dependen tanto de las enzimas celulares, y a menudo logran completar su ciclo vital en el citoplasma sin causar grandes daños en la célula.

Los retrovirus son una familia de virus de ARN, como el VIH, que han desarrollado una estratagema única para generar una infección de por vida en una célula, al mismo tiempo que se protegen de un ataque

Ciclo vital de un retrovirus

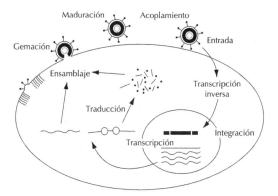

4. Ciclo infeccioso de un retrovirus, donde se ve la entrada del virus en una célula seguida de la transcripción inversa, la integración, la transcripción y la traducción del genoma, el ensamblaje del virus y la emergencia de nuevas partículas desde la superficie de la célula.

del sistema inmunitario. Las partículas de retrovirus contienen una enzima llamada *transcriptasa inversa* que, una vez dentro de la célula, convierte su ARN en ADN (figura 4). Este ADN viral puede insertarse entonces, o *integrarse,* en el ADN de la célula usando otra enzima del virus denominada *integrasa.* La secuencia viral integrada recibe el nombre de *provirus* y se archiva con eficacia dentro de la célula, donde se quedará para siempre a la espera de ser copiada junto con el ADN celular cuando la célula se divida. Ambas células hijas heredarán el provirus, lo que irá creando un almacén de células infectadas en el interior del huésped. Un provirus puede fabricar en cualquier momento nuevos virus que broten de la superficie de la célula, pero en ese caso matará la célula.

En las células de mamífero, el proceso de copia del ADN durante la división celular está sumamente controlado mediante un sistema de relectura y varios puestos de control para la detección de ADN dañado o mal copiado, así como para la corrección de errores. Si el daño es excesivo, las células cuentan con un programa de «autodestrucción» llamado *apoptosis* que induce su muerte en lugar de permitir que transmita su ADN defectuoso. Aun así, a pesar de estas medidas de seguridad, se deslizan errores que favorecen la replicación de mutaciones y su transmisión a generaciones futuras (figura 5).

Evolución molecular

Los genes del virus acumulan mutaciones con el tiempo

```
A ...GAAGCACTCTACCTCGTGTGCGGGATCGAGGCTTATTCTACACACCAAGC...
         X           X          X          X                  X
B ...GAAGCTCTCTACCTAGTGTGCGGGAACGAGGCTTCTTCTACACACCAAGA...
       X  X  X      X              X  X      X  X  X             X
C ...GAGGCGCTGTACCTGGTGTGCGGGAGCGCGGCTTTTTTTATACACCAAGT...
```

A frente a B: 5 mutaciones a lo largo de
50 posiciones = 10 % de diferencia

B frente a C: 10 mutaciones a lo largo de
50 posiciones = 20 % de diferencia

5. Evolución molecular de un gen viral con el paso del tiempo. La cantidad de diferencias acumuladas entre las secuencias se utiliza para confeccionar un árbol evolutivo en el que la longitud de las ramas horizontales se dibuja a escala y denota el tiempo transcurrido desde que tuvieron ancestros comunes (indicados mediante círculos).

Los genomas de los virus mutan mucho más deprisa que el genoma humano, en parte porque los virus se reproducen en un día o dos y generan muchos miles de descendientes. Además, los virus de ARN no cuentan con un sistema de relectura, de modo que mutan a un ritmo mucho más veloz que los virus de ADN. De ahí que, cada vez que un virus infecta una célula, su ADN o ARN se puede copiar miles de veces y, como cada hebra producida se incorpora a una partícula viral nueva, cada ciclo de infección da lugar a varios virus mutantes. Este elevado índice de mutación de los virus constituye su salvavidas; en algunos es esencial para su supervivencia. Cada ciclo de infección genera cierta cantidad de virus que no son viables debido a mutaciones que anulan la función de genes esenciales, así como otros virus con mutaciones que no alteran en absoluto su funcionamiento. Pero parte de la progenie contará con mutaciones beneficiosas que le conferirán una ventaja selectiva frente al resto de sus hermanos. Ese beneficio puede dar lugar a diversas ventajas, incluida una capacidad mayor para esconderse del ataque del sistema inmunitario, para sobrevivir y propagarse entre las células huésped, para resistir fármacos antivirales o para reproducirse con más rapidez que el resto. Sea cual sea la ventaja, dará lugar a que ese virus mutante particular supere a sus hermanos y, a la larga, se imponga. Hay muchos ejemplos de ello, sobre todo entre los virus de ARN, como el del sarampión, que lleva infectando al ser humano al menos 2.000 años. A pesar de ello, los científicos calculan que la variante actual del virus del sarampión apareció en tiempos mucho más recientes. Se cree que esta cepa del virus era de algún modo «más apta» que su predecesora; tal vez tuviera un poder mayor de propagación y por eso acabó reemplazando a la anterior a escala mundial. Otro ejemplo muy conocido es el del VIH, que es muy veloz desarrollando resistencia a los fármacos empleados para controlar la infección. En la práctica, esto significa que hay que usar varios medicamentos antirretrovirales juntos para lograr un tratamiento eficaz e, incluso así, la resistencia a los fármacos es un problema cada vez mayor. Cuando un virus resistente a un medicamento se transmite a una persona no infectada, la nueva infección resulta mucho más difícil de controlar. Este mismo proceso es el que ha frustrado todos los intentos de conseguir una vacuna eficaz contra el VIH.

El análisis de las mutaciones en el genoma es un método útil para rastrear la historia de un virus. La hipótesis del reloj molecular, desarrollada en la década de 1960, establece que el índice de mutación por cada generación es constante en un gen dado. En otras palabras, aplicado a los virus, dos muestras del mismo virus aisladas al mismo tiempo y procedentes de fuentes distintas habrán evolucionado durante la misma cantidad de tiempo desde su ancestro común. Como ambas habrán acumulado mutaciones a un ritmo constante, el grado de diferencia entre sus secuencias genéticas proporciona una medida del tiempo transcurrido desde que se apartaron de su ancestro común. Esta manera de medir el tiempo evolutivo se ha comprobado en formas de vida superiores, al comparar los datos del origen estimado a partir del reloj molecular con el origen estimado de acuerdo con el registro fósil, pero por desgracia los virus no dejan fósiles. Aun así, los especialistas utilizan el reloj molecular para calcular el momento en que se originaron ciertos virus, y trazan árboles evolutivos (o filogenéticos) para ilustrar su grado de relación con otros virus. Como los virus tienen un índice de mutación elevado, se puede medir un cambio evolutivo considerable (estimado en alrededor de un 1% al año para el VIH) en un espacio de tiempo reducido. Esta técnica se ha empleado para esclarecer la historia del virus del sarampión. Asimismo se ha utilizado para descubrir que los parientes más próximos del virus de la viruela son los poxvirus de camellos y gerbillos, lo que sugiere que los tres salieron de un ancestro común entre 5.000 y 10.000 años atrás.

Como las partículas virales son inertes, sin capacidad para generar energía o fabricar proteínas de manera independiente, no suelen considerarse organismos vivos. Sin embargo, son piezas de material genético que parasitan células y explotan con suma eficiencia la maquinaria interna de la célula para reproducirse. Entonces, ¿cómo y cuándo surgieron estos piratas celulares?

Aún no sabemos la respuesta a este interrogante, pero ahora se admite en general que los virus son verdaderamente antiguos. El hecho de que virus que comparten rasgos comunes infecten organismos de los tres dominios de la vida (arqueas, bacterias y eucariotas) induce a pensar que evolucionaron antes de que estos dominios se separaran de su ancestro común, denominado el *último ancestro celular universal* (o LUCA, por sus siglas en inglés de «last universal cellular ancestor»). Hay tres teorías principales para explicar el origen de los virus.

La primera teoría plantea que los virus fueron los primeros organismos que surgieron del «caldo primordial» en torno a 4.000 millones de años atrás. Dado que los virus actuales son parásitos obligados, esta teoría defiende que los virus de ADN grandes, como los poxvirus, podrían representar una forma de vida libre anterior que ahora ha perdido la capacidad para reproducirse de forma independiente.

La segunda y tercera teorías proponen que los virus surgieron antes de la aparición del ADN, cuando las células primitivas previas a LUCA usaban ARN como material genético. Una de estas teorías sugiere que los virus derivaron de fragmentos perdidos de ARN que adquirieron una envoltura proteica y se volvieron infecciosos. La otra defiende que los virus representan células primitivas de ARN que se han visto sometidas a un modo de vida parasitario al quedar desplazadas por la competencia cuando evolucionaron otras células más complejas. Estas dos últimas teorías son más creíbles si se aplican a los virus de ARN, y no a los virus de ADN, así que los científicos han planteado que los virus de ADN evolucionaron a partir de sus iguales más antiguos de ARN. Esta hipótesis está respaldada por la existencia de los retrovirus, los cuales tienen capacidad para transcribir ARN en ADN. Con ello, invierten el flujo habitual de la información genética, que va del ADN al ARN y de ahí a las proteínas. Nadie creía que esto fuera posible hasta el descubrimiento en 1970 de la enzima transcriptasa inversa de los retrovirus. Tal vez los retrovirus representen el eslabón perdido entre el mundo de ARN antiguo y el mundo de ADN moderno. La evolución de los virus es un campo de investigación fascinante que sigue siendo de rabiosa actualidad, pero hasta que se resuelva seguiremos sin saber cómo encajan los virus en el árbol de la vida.

A comienzos del siglo XX se desarrollaron criterios para determinar si un agente infeccioso era en realidad un virus. El agente debía atravesar filtros que retuvieran bacterias, debía ser infeccioso e incapaz de crecer en cultivos que sustentaran crecimiento bacteriano. La identificación de los virus mejoró enormemente con la invención del microscopio electrónico a finales de la década de 1930, y a partir de entonces se usó de manera rutinaria para descubrir virus nuevos y caracterizarlos con mayor precisión por tamaño y forma. Una vez que se supo que los virus portan o ADN o ARN, pero nunca ambos, se desarrolló un sistema de clasificación basado en los siguientes criterios para catalogar los virus por familias, géneros y especies:

- el tipo de ácido nucleico (ADN o ARN);
- la forma de la cápside;
- el diámetro de la cápside y/o el número de capsómeros;
- la presencia o ausencia de una envoltura.

Desde principios de la década de 1980, cuando se secuenció por completo el primer genoma de un virus, esta técnica se ha convertido en un método rutinario que proporciona información valiosa para la clasificación de los virus. De hecho, los métodos cada vez más sofisticados para descubrir virus han permitido en la actualidad la identificación de numerosos virus mucho antes de que se visualizara su verdadera estructura física. En estos casos, la estructura molecular del ADN o ARN se compara con la de otros virus conocidos para asignar una familia al nuevo virus.

La primera vez que se usaron sondas moleculares fue con el descubrimiento del virus de la hepatitis C en 1989. Tras aislar los virus de la hepatitis A y B, se vio que pacientes con síntomas característicos de hepatitis vírica acudían al médico, pero no estaban infectados con ninguno de esos virus. Aquella enfermedad se denominó *hepatitis no A no B*, e inevitablemente condujo a los especialistas a predecir la existencia de otro virus de la hepatitis. Se clonaron segmentos de ARN directamente a partir de la sangre de un chimpancé infectado con fines experimentales con material extraído de un paciente con hepatitis no A no B. Se encontró una serie de secuencias únicas de ARN que juntas arrojaban una longitud, una composición y una organización del genoma típicas de la familia flavivirus, pero distintas de cualquier otro virus conocido en la época. Este «nuevo» virus recibió el nombre de *hepatitis C*.

Con estas técnicas novedosas, el descubrimiento de los virus ha ido mucho más allá de la búsqueda de las causas de una enfermedad para abarcar el entorno más amplio en el que encontramos virus en abundancia. En el capítulo 2 analizaremos la extensión y la complejidad de esta «virosfera» en la que vivimos.

2
Los virus están por todas partes

Hasta hace bien poco la mayoría de los programas para descubrir virus nuevos estaban alentados por las tentativas para encontrar agentes causativos de enfermedades humanas, animales o vegetales. Esto ha creado la impresión de que los virus suelen causar enfermedades, pero las técnicas moleculares para muestreo genómico ambiental a gran escala revelan que esa idea dista mucho de la realidad. Ahora está claro que los virus conforman una biomasa inmensa de una variedad y complejidad enormes en el entorno, a lo que cabría asignar el acertado nombre conjunto de «virosfera».

Los microbios son, con gran diferencia, la forma de vida más abundante de la Tierra. A nivel global hay en torno a 5×10^{30} bacterias, mientras que los virus son como mínimo diez veces más abundantes que ellas, lo que los convierte en los microbios más numerosos del planeta. De hecho, hay más virus en el mundo que todo el resto de formas de vida juntas. Los virus también exhiben una diversidad tan asombrosa que se calculan unos cien millones de clases distintas. Han invadido cada nicho ocupado por seres vivos, incluidos los entornos más inhóspitos, como los surtidores hidrotermales, el subsuelo de los casquetes polares y salinas y lagos ácidos. Todos estos emplazamientos son los preferidos por ciertas especies de organismos arqueos conocidos como *extremófilos*. Los virus que infectan arqueas y bacterias se denominan *bacteriófagos* (o *fagos*, para abreviar) y presentan cierta semejanza estructural con un cohete en la rampa de lanzamiento (véase la figura 1 del capítulo 1).

Ahora sabemos que el agua natural sin tratar está repleta de virus y, de hecho, los virus constituyen las formas de vida más abundantes de los océanos. Los océanos cubren el 65 % de la superficie del planeta y, como llega a haber hasta 10.000 millones de virus por litro de agua del mar, la totalidad de los mares contiene en torno a 4×10^{30} virus, una cantidad suficiente para abarcar diez millones de años luz si los colocáramos todos en fila uno detrás de otro.

El estudio de la oceanografía microbiana se encuentra aún en su infancia, pero el empleo de robots para recolectar series de muestras en distintos momentos y distintas profundidades marinas, así como el análisis genómico a gran escala, han permitido que empecemos a vislumbrar este zoológico subacuático y a encontrar claves que apuntan a que desempeña un papel vital para el mantenimiento de la vida en la Tierra. Por supuesto, muchos virus marinos causan enfermedades a animales marinos y, con ello, suponen una verdadera amenaza para las empresas comerciales y los proyectos de conservación. Ejemplos de ello lo ofrecen el virus altamente letal y contagioso del síndrome de la mancha blanca, que ha devastado granjas de camarones en todo el mundo, y el papilomavirus de las tortugas, que está poniendo en riesgo a poblaciones de tortugas salvajes en peligro de extinción. Otros, como los virus de la gripe que atacan a focas y aves marinas así como al ser humano, se mueven entre la tierra y el mar, lo que facilita su propagación transcontinental. Hallazgos recientes indican que los virus marinos también tienen efectos ocultos en el entorno marino, y esto ha influido profundamente en nuestra visión de la ecología, la evolución y los ciclos geoquímicos. El plancton, que conforma la población flotante de los océanos, consiste en organismos diminutos que incluyen virus, bacterias, arqueas y eucariotas. Aunque parecen flotar a la deriva con las corrientes marinas, ahora está claro que se trata de una población altamente estructurada que forma comunidades y ecosistemas marinos interdependientes.

El fitoplancton es un conjunto de organismos que usa energía solar y dióxido de carbono para generar energía mediante fotosíntesis. Como subproducto de esta reacción, producen casi la mitad del oxígeno del mundo y son, por tanto, de una importancia vital para la estabilidad química del planeta. El fitoplancton constituye la base de toda la cadena alimenticia marina, ya que alimenta al zooplancton y a animales marinos juveniles que, a su vez, sirven de presas a peces y carnívoros marinos más grandes. Al infectar y matar microbios del plancton, los virus marinos controlan la dinámica de todas esas poblaciones esenciales y sus interacciones. Por ejemplo, el fitoplancton *Emiliania huxleyi*, muy común y especialmente bonito, experimenta estallidos que tiñen de azul turquesa extensiones tan inmensas de la superficie oceánica que se detectan desde satélites espaciales. Estos estallidos desaparecen tan deprisa como surgen, y este ciclo de explosión y caída está orquestado por los virus que infectan en particular al organismo *E. huxleyi*. Como son capaces de generar miles de descendientes a partir de cada

41

célula infectada, el número de este virus se multiplica en cuestión de horas y, de este modo, actúa como un equipo de respuesta rápida que mata la mayoría de los microbios del estallido en tan solo unos pocos días.

La mayoría de los virus marinos son fagos que infectan y controlan poblaciones de bacterias marinas. Pero no es eso lo único que hacen. Los fagos son bien conocidos por incorporar por error fragmentos de ADN de un huésped y transportarlos hasta el siguiente huésped, con lo que propagan material genético con rapidez entre sus bacterias huésped. En el medio marino, este comportamiento, denominado *sexo viral*, parece ser muy común, de forma que los virus capturan genes del huésped y los transmiten al resto de la comunidad. A través de este proceso aleatorio, los genes capturados rara vez resultarán útiles al nuevo huésped, pero cuando sucede así, pueden alcanzar una abundancia sorprendente. Así, por ejemplo, pueden ayudar al huésped a adaptarse con rapidez a cambios en los niveles de nutrientes o a condiciones extremas, como temperaturas o presiones elevadas y las concentraciones químicas que se dan en los surtidores hidrotermales de los fondos oceánicos, lo que les permite colonizar un nuevo nicho.

Aparte de actuar como bancos genéticos móviles, algunos fagos portan genes que aceleran el metabolismo de su presa. Por ejemplo, muchos cianófagos que infectan cianobacterias, los únicos miembros bacterianos del fitoplancton, cuentan con genes fotosintéticos propios. Estos genes contrarrestan el efecto de otros genes virales diseñados para apagar genes del huésped y producir proteínas virales en lugar de proteínas del huésped. Pero si inhibieran la fotosíntesis demasiado pronto, dejarían sin sustento a la célula e impedirían que el virus completara su ciclo vital, de modo que los cianófagos suministran los componentes esenciales de ese proceso. Estos virus han propagado tanto sus genes fotosintéticos que en la actualidad se calcula que el 10 % de la fotosíntesis del mundo la realizan genes procedentes de cianófagos.

Como el fitoplancton necesita luz del sol como fuente de energía, estos microbios residen en las capas altas del océano, pero los virus no tienen estas limitaciones. Cada kilogramo de sedimentos marinos alberga alrededor de 106 especies virales distintas que infectan y acaban con bacterias corresidentes. En total se calcula que los virus marinos matan entre un 20 y un 40 % de las bacterias marinas al día y, puesto que encarnan el principal aniquilador de microbios marinos, tienen una incidencia profunda en el ciclo del carbono a través de la denominada *desviación viral.*

Al acabar con otros microbios, los virus convierten su biomasa en carbono orgánico particulado y disuelto que será reutilizado por las comunidades microbianas. Esto incrementa su viabilidad y producción de dióxido de carbono en detrimento de los organismos que se encuentran más arriba dentro de la pirámide alimenticia. Si esta desviación viral no existiera, gran parte del carbono orgánico particulado se hundiría y permanecería secuestrado en el lecho marino. El efecto neto de esta actividad viral es que libera en torno a 650 millones de toneladas de carbono al año a nivel global (dicen que la quema de combustibles fósiles libera alrededor de 21.300 millones de toneladas de dióxido de carbono al año), lo que contribuye considerablemente a la concentración de dióxido de carbono en la atmósfera.

Aunque ahora está claro que los océanos albergan multitud de virus, solo hemos empezado a explorar este inmenso reservorio. Tras el descubrimiento de la abundancia y diversidad de virus marinos, parece probable que existan reservorios similares en otros lugares frecuentados por microbios, como los intestinos humanos, donde residen tantas bacterias que su número es doce veces mayor que el de las células del cuerpo humano. A pesar de su tamaño diminuto, los virus están demostrando ser cruciales para la estabilidad de los ecosistemas de todo el mundo.

Volviendo a tierra firme, también se han descubierto virus que realizan hazañas increíbles. Hace poco se ha desvelado que tienen una participación directa en una relación simbiótica aparentemente simple entre una bacteria y su huésped. Muchas especies de invertebrados portan bacterias simbióticas que les suministran nutrientes inexistentes en la dieta del animal o que los protegen de sus depredadores naturales. Una de ellas es el pulgón del guisante, *Acyrthosiphon pisum*, portador de bacterias que lo protegen de la avispa parásita *Aphidius ervi*, la cual deposita sus huevos en el hemocele (un espacio lleno de sangre). Sin esa bacteria, llamada *Hamiltonella defensa*, los áfidos mueren cuando se desarrollan las larvas de la avispa, sin embargo, las toxinas que produce la bacteria matan a las avispas en ciernes. Este giro de la historia llegó con el descubrimiento reciente de que en realidad es un fago que infecta a la bacteria *H. defensa* el que produce la toxina que mata a la avispa. De modo que en este caso hay tres organismos muy diferentes trabajando juntos para luchar contra un enemigo común: la avispa parásita.

Un caso muy similar lo encontramos en la bacteria *Vibrio cholerae*, causante del cólera en humanos. Esta

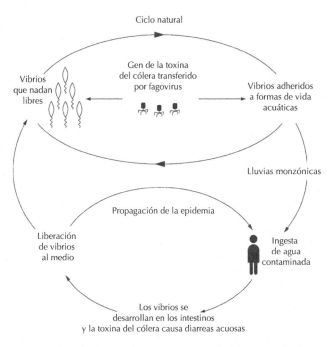

6. Ciclo del cólera donde se muestra el ciclo natural y la propagación epidémica que puede darse después de las lluvias monzónicas.

bacteria reside en las aguas del delta del río Ganges junto con una variedad de cepas de fagos que la infectan a ella. Algunos de estos fagos matan la bacteria (fago lítico) y otros portan el gen de la toxina del cólera (fago toxigénico). Solo las bacterias del cólera infectadas con el fago toxigénico son patógenas para el ser humano y causan la diarrea devastadora y a menudo mortal del cólera.

Las epidemias de cólera suelen comenzar durante la estación de las lluvias, cuando el río crece y diluye la concentración del fago, lo que permite la multiplicación de los vibrios del cólera (figura 6). La gente que bebe el agua del río ingiere una mezcla de vibrios con y sin fagos toxigénicos, pero dentro del intestino humano solo sobrevivirán y se multiplicarán los vibrios toxigénicos. Estos provocarán terribles retortijones de barriga y copiosas diarreas líquidas, lo que no solo causa una deshidratación veloz, sino que también expulsa miles de microbios toxigénicos de vuelta al medio. De modo que la concentración de vibrios toxigénicos aumenta, lo que alimenta la epidemia. Pero esto también da lugar a una explosión de población entre los fagos líticos que se alimentan de la bacteria *V. cholerae*. Al final, los fagos líticos acaban controlando la bacteria toxigénica y se recupera el equilibrio natural hasta que las lluvias torrenciales vuelven a desestabilizar la situación.

Un capítulo dedicado a la ubicuidad de los virus no está completo si no aborda la posibilidad de que haya virus en el espacio exterior. Como es natural, al tratarse de parásitos obligados, los virus solo pueden existir donde haya vida, de modo que la pregunta que nos interesa se convierte en «¿hay vida en otros planetas, ya sea microbiana o de otro tipo?». En la actualidad desconocemos la respuesta, aunque en la década de 1970 Fred Hoyle, conocido astrónomo y autor de ciencia ficción, concibió la teoría de la «panspermia». Esta sostiene que la vida en la Tierra comenzó a partir de bacterias y virus sembrados desde el espacio exterior por los cometas. Hoyle y sus seguidores creían que esos microbios siguen arribando hoy a la Tierra, con lo que contribuyen a la evolución microbiana y a la aparición de infecciones. Al parecer, el interior de un cometa brindaría las condiciones de calor y humedad que necesitan los microbios para prosperar. Sea como sea, las búsquedas exhaustivas en material procedente de Marte no han arrojado indicios convincentes para respaldar esta teoría.

Muchos científicos creen que, dada la inmensidad del universo y el número casi inconcebible de estrellas que alberga, tiene que haber vida en algún lugar de ahí fuera. Si la hay, entonces es posible que también haya virus, pero no nos queda más remedio que esperar a ver.

En el capítulo 3 consideraremos la batalla diaria que mantienen los virus con sus huéspedes vegetales y animales. En esta lucha por la supervivencia, los huéspedes han desarrollado mecanismos para protegerse de ataques virales, pero los virus evolucionan sin cesar para desarrollar nuevas estrategias de contraataque. Esta carrera armamentística de varios millones de años ha impulsado la sofisticación del sistema inmunitario humano y ha asegurado nuestra supervivencia.

3
Matar o morir

Los virus parasitan todo lo vivo, a menudo en detrimento del huésped, pero no lo tienen todo a su favor. Las plantas y animales, por muy pequeños o primitivos que sean, han desarrollado maneras de reconocer a estos invasores microscópicos y luchar contra ellos. De modo que para la mayoría de los virus, cada ciclo de infección es una carrera contra el tiempo (deben reproducirse antes de que el huésped muera o de que su sistema inmunitario los detecte y elimine). Después, la progenie del virus tiene que encontrar nuevos huéspedes a los que infectar para repetir el proceso hasta el infinito y lograr la supervivencia de la especie. Hasta los virus que han aprendido el truco de esquivar el ataque del sistema inmunitario y vivir felices dentro de su huésped, a lo largo de toda la existencia de este último, deben trasladarse, en última instancia, para no morir junto con el huésped.

El éxito de este estilo de vida precario depende en gran medida de que los virus se propaguen con eficacia entre huéspedes susceptibles y, sin embargo, se trata de un proceso que los virus deben dejar por completo en manos del azar, puesto que son partículas completamente inertes. Si a esto le añadimos que después de infectarse con un virus determinado todos los vertebrados y varios organismos más primitivos se vuelven inmunes a la reinfección, resulta bastante sorprendente que los virus consigan sobrevivir.

Los virus resisten porque son muy adaptables. Su elevado índice de reproducción y enorme progenie les permite evolucionar con rapidez para amoldarse a circunstancias cambiantes. No hay duda de que muchas especies de virus han desaparecido al bloquearse sus rutas de propagación, pero, al mismo tiempo, otros habrán detectado la apertura de rutas nuevas y habrán aprovechado la oportunidad para proliferar. Por tanto, las poblaciones de virus son muy dinámicas, de forma que una reemplaza con rapidez a otra si su «aptitud» encaja mejor con el ambiente imperante. Hemos visto, por ejemplo, que la variante actual del virus del sarampión reemplazó a su antecesora a nivel mundial en épocas recientes, y que las poblaciones de virus bacteriófagos marinos cambian sin cesar dependiendo de la ventaja que logran obtener de robar genes a sus huéspedes.

Los virus se propagan entre huéspedes a través de casi cualquier ruta imaginable y después encuentran portales adecuados para penetrar en el cuerpo que concuerdan con esa propagación (figura 7). Los que pueden sobrevivir fuera del huésped durante cierto intervalo de tiempo viajan por el aire y entran a través del tracto respiratorio, como la gripe, el sarampión y los virus del resfriado común, o contaminando los alimentos y el agua, como los norovirus y los notavirus, que penetran en el organismo por la boca y pueden causar ataques masivos de diarreas y vómitos, sobre todo allí donde hay poca higiene.

Mediante la evolución constante, estos virus parecen haber perfeccionado sus habilidades para propa-

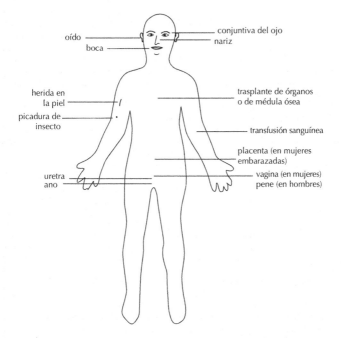

7. Portales de acceso al cuerpo humano para los virus.

garse de un huésped a otro hasta alcanzar un grado de sofisticación asombroso. Por ejemplo, el virus del resfriado común (rinovirus) infecta las células que recubren las fosas nasales al mismo tiempo que cosquillea las terminaciones nerviosas para provocar el estornudo. Durante esos «estallidos» se expulsan con fuerza nubes inmensas de gotículas de moco portadoras del virus que se quedan flotando en el aire hasta ser inhaladas por otros huéspedes susceptibles. De forma parecida, al eliminar las capas de células que revisten el intestino, los rotavirus impiden la absorción de fluidos desde la cavidad abdominal. Esto causa diarreas y

51

vómitos severos que expulsan con eficacia la progenie del virus de vuelta al medio para que esta acceda a nuevos huéspedes.

Otros virus muy exitosos viajan de un huésped a otro dentro de insectos. Los virus de las plantas se pueden propagar a través de áfidos que se alimentan de la savia de la planta y, del mismo modo, los insectos picadores succionan virus de un huésped y los inyectan en otro mientras se alimentan de su sangre. Ejemplos de esto incluyen los virus del dengue y de la fiebre amarilla, ambos transportados de un huésped a otro por mosquitos hembra que necesitan alimentarse de sangre para nutrir sus huevos (véase el capítulo 5). Los virus no pueden infectar las capas externas, muertas de la piel, ni acceder al interior del cuerpo a través de las capas múltiples que tiene la piel intacta, pero una erosión cutánea microscópica basta para permitir la aparición de verrugas (virus del papiloma humano) y de herpes labial (virus del herpes simple), ambos infecciones muy comunes que se adquieren directamente de un huésped infectado. Pero los virus demasiado frágiles como para resistir durante mucho tiempo fuera del cuerpo de su huésped pueden pasar directamente de un huésped a otro a través de contactos muy cercanos, como un beso. Esta es una vía muy eficaz para contagiar virus a través de la saliva, como el virus de Epstein-Barr, que causa fiebre glandular, también conocida como *la enfermedad del beso*. Algunos virus, como el VIH y el de la hepatitis B (VHB), utilizan la ruta sexual para acceder al cuerpo, sobre todo cuando otros microbios de transmisión sexual, como el gonococo o la bacteria *Treponema pallidum* (causante de la sífilis), proporcionan acceso fácil generando ulceración superficial. Estos virus se aprovechan incluso de intervenciones modernas como las transfusiones de sangre y los trasplantes de órganos y también pueden contaminar instrumental quirúrgico y tornos dentales para saltar de un huésped a otro. De hecho, el VHB es tan infeccioso que una cantidad microscópica de sangre basta para transmitir la infección, lo que lo convierte en un riesgo laboral serio para el personal sanitario que está en contacto con personas infectadas con VHB.

Todos los organismos vivos cuentan con defensas contra virus invasores. Aunque esta inmunidad protectora alcanza su desarrollo más alto en vertebrados, y tiene una sofisticación máxima en humanos, ahora se sabe que hasta los organismos más simples cuentan con mecanismos inmunitarios, muchos de ellos muy distintos a los de los vertebrados. Aún queda un gran trecho para desentrañar la extensión y los detalles de esos mecanismos, pero la información nueva es continua. Antes se pensaba que solo los vertebrados tienen memoria inmunitaria, pero estudios sobre exposición reiterada del huésped a un mismo patógeno apuntan ahora a que, incluso en el caso de algunos invertebrados primitivos, la primera infección confiere cierta protección frente a una posterior, lo que sugiere que existe algún tipo de respuesta de memoria básica en formas de vida inferiores.

Otro mecanismo de protección descubierto hace poco, identificado por primera vez en plantas, pero utilizado también por insectos y otras especies animales, es el silenciamiento génico mediante ARN de interferencia (ARNi). Este consiste en moléculas cortas de ARN que se encuentran dentro de las células de la mayoría de las especies, incluido el ser humano, donde regulan la fabricación de proteínas uniéndose a mensajes de ARN y evitando su transcripción. Cuando un virus infecta una célula y toma el mando de su funcionamiento para fabricar proteínas, las moléculas de ARNi también se unen a los mensajes de ARN viral e inhiben su transcripción en proteínas, con lo que abortan la infección antes de que puedan ensamblarse nuevos virus. En arqueas y bacterias se ha descubierto hace poco un mecanismo inmunitario similar, pero novedoso, relacionado con el ARNi, que las ayuda a combatir el ataque de fagos. En este sistema, segmentos cortos de genes de los fagos invasores se incorporan al genoma del huésped y después codifican ARN que se une específicamente a las proteínas del invasor e inhibe la fabricación ulterior de proteínas, lo que interrumpe la infección antes de que puedan ensamblarse virus nuevos.

Es evidente que la guerra entre humanos y microbios ha existido desde que evolucionamos nosotros y que, durante el proceso, los microbios han ido desarrollando sistemas de ataque novedosos, a los que nuestro sistema inmunitario ha ido reaccionando con defensas mejoradas, siguiendo una carrera armamentística creciente. Como un virus tarda mucho menos que nosotros en formarse, el desarrollo de resistencia genética a un nuevo virus que ataca al ser humano es dolorosamente lento y otorga a los virus una ventaja permanente.

Un ejemplo reciente de resistencia genética se descubrió durante una investigación para averiguar por qué algunas personas parecen ser resistentes al VIH. Resultó que guarda relación con un gen de respuesta inmunitaria llamado CCR5 que codifica una proteína esencial para la infección por VIH. En torno al 10 % de la población caucásica tiene una supresión de este gen, lo cual le confiere resistencia a la infección por

VIH. Sigue siendo un misterio cómo alcanzó esta supresión un nivel tan elevado en esta población humana, porque las primeras infecciones de humanos por VIH son demasiado recientes como para haber producido este efecto. Los científicos creen que la supresión del gen CCR5 tuvo que otorgar una ventaja selectiva en el pasado protegiendo de algún otro virus letal, entre los que la peste y la viruela se consideran firmes candidatos, ya que ambos han sido muy mortíferos en los últimos 2.000 años.

El sistema inmunitario humano es una máquina de guerra temible con dos modos de funcionamiento, un modo de respuesta rápida no específica y una fuerza letal más lenta, pero altamente especializada, que recuerda al agresor e impide que vuelva a romper las defensas del cuerpo en el futuro. Los virus suelen acceder al organismo infectando células del tracto respiratorio, intestinal o genitourinario, de las capas más profundas de la piel y de la superficie del ojo, y desde ahí pueden diseminarse para infectar órganos internos. Desde el punto de acceso, las células infectadas envían señales químicas llamadas *citocinas*. De todas estas señales iniciales, la más importante es la de los interferones, un grupo de proteínas que hacen que células vecinas se tornen resistentes a la infección, al mismo tiempo que alertan al sistema inmunitario de la invasión y desencadenan la respuesta inmunitaria atrayendo células de ese sistema a la zona afectada. Las células ameboideas llamadas *polimorfas* y *macrófagas* son las primeras en llegar al lugar, donde engullen virus y células infectadas al mismo tiempo que bombean más citocinas para atraer los contingentes de linfocitos, una parte esencial de la respuesta inmunitaria humana. Tradicionalmente reciben el nombre de *linfocitos B y T,* dependiendo del tipo de respuesta inmunitaria que provocan.

Cada parte del cuerpo está protegida por glándulas linfáticas que funcionan a modo de cuarteles para millones de linfocitos B y T. Las amígdalas y vegetaciones, por ejemplo, se encuentran estratégicamente ubicadas en la entrada al tracto respiratorio e intestinal, y hay glándulas similares en las ingles, axilas y cuello para defender las piernas, los brazos y la cabeza, respectivamente. Los macrófagos masticadores de virus se abren camino desde el lugar de la infección hasta esas glándulas linfáticas locales, donde despliegan proteínas virales desmembradas ante los linfocitos B y T para generar una respuesta inmunitaria específica.

Cada linfocito B y T porta receptores únicos que solo reconocen un pequeño segmento de una proteína particular, llamado *antígeno*. Para abarcar la mayor cantidad posible de antígenos microbianos, el cuerpo humano alberga en torno a 2×10^{12} linfocitos B y otros tantos linfocitos T que circulan por la sangre y que se regeneran constantemente en la fábrica de células sanguíneas de la médula ósea. Los linfocitos se concentran en las glándulas linfáticas a la espera de recibir una señal de alerta en forma de macrófago portador de un antígeno que encaje a la perfección con su receptor único. Cuando por fin sucede, la unión del receptor y el antígeno estimula la división veloz del linfocito para dar lugar a un clon de células con receptores idénticos. Estos suelen estar listos para entrar en acción alrededor de una semana después de la infección inicial.

Los linfocitos T (o células T) constituyen la defensa individual más importante del cuerpo contra los virus. Hay dos tipos principales de células T: los linfocitos T cooperadores, caracterizados por portar la molécula CD4 en su superficie, y los linfocitos T aniquiladores (o citotóxicos), que se caracterizan por presentar la molécula CD8. Ambos tipos de células T matan las células infectadas con el virus mediante la producción de sustancias químicas tóxicas que rompen la membrana celular, pero las células T CD4 también producen citocinas que ayudan a las células T CD8 y a los linfocitos B a crecer, madurar y funcionar como es debido.

En cuanto los linfocitos B (o células B) entran en acción impulsados por su antígeno específico, generan anticuerpos, que son moléculas solubles que circulan por la sangre y pasan a los tejidos y a ciertas superficies corporales, como el revestimiento intestinal. Los anticuerpos se unen a los virus y a células infectadas por ellos para ayudar a evitar la propagación de los invasores. En algunos casos, los anticuerpos impiden realmente que los virus infecten células al bloquear la entrada de su receptor, por lo que son cruciales para evitar una reinfección posterior.

La importancia relativa de las células T y B para el control de las infecciones víricas queda bien ilustrada por las mutaciones raras que suprimen un tipo u otro de linfocitos. Los bebés que nacen con una mutación que elimina sus células T mueren muy rápido de infecciones víricas a menos que permanezcan dentro de una burbuja esterilizada hasta conseguir un trasplante de médula ósea que corrija el defecto. Por otro lado, los bebés con una mutación que impide el desarrollo de células B toleran bastante bien las infecciones víricas, pero sufren infecciones bacterianas y fúngicas severas y persistentes. Sin embargo, suelen estar protegidos de esas infecciones durante los primeros meses de vida (puesto que son bebés sanos) por los anticuerpos de la sangre materna, que atraviesan la placenta al final del embarazo y que también están presentes en la leche materna.

La respuesta inmunitaria ante los microbios es una operación compleja, pero muy equilibrada, de tal manera que la actuación de las células que luchan contra los invasores se contrarresta con un conjunto de células llamadas *T reguladoras* o *células Treg*. Estas producen citocinas que desactivan el mecanismo aniquilador de cada célula T y detienen su división, de modo que, una vez derrotado el microbio, las células de combate mueren y la respuesta toca a su fin, lo que solo deja un equipo mínimo de células T y B de recuerdo listas para actuar con rapidez por si el microbio reaparece.

En el momento álgido de su actividad, la respuesta inmunitaria puede ser tan acusada que llegue a dañar el cuerpo. De hecho, los síntomas típicos no específicos que experimentamos con una gripe intensa, como fiebre, dolor de cabeza, dolor de garganta y cansancio general, no suelen deberse al microbio invasor de por sí, sino a las citocinas que liberan las células del sistema inmunitario para luchar contra él. En raras ocasiones estas reacciones inducidas por el sistema inmunitario llegan a causar daños graves en órganos internos, un resultado que se conoce como *inmunopatología*. Ejemplos de ello son las lesiones hepáticas debidas a infecciones por virus de la hepatitis y el agotamiento severo que sienten quienes sufren mononucleosis infecciosa causada por el virus de Epstein-Barr. También cabe la posibilidad de que las células T o anticuerpos específicos para proteínas virales encajen por casualidad con una proteína similar del huésped y reaccionen contra ella. Esto puede dañar o incluso aniquilar células que expresan la proteína. Este proceso autoinmunitario podría ser la base de enfermedades como la diabetes, que consiste en la destrucción de las células beta que producen insulina en el páncreas, y de la esclerosis múltiple, que resulta de la destrucción de células en el sistema nervioso central.

Algunos virus han aprendido a jugar al escondite con las células inmunitarias protegiéndose de la consiguiente embestida y quedándose en el huésped durante largos periodos, incluso de por vida. Las estrategias empleadas por estos virus son tan diversas como ingeniosas, e incluyen la elusión de su reconocimiento por parte del sistema inmunitario y/o la obstrucción de la respuesta inmunitaria. Los detalles se abordan en el capítulo 6, pero por ahora bastará con decir que cada paso de la cascada de la respuesta inmunitaria, desde la liberación del primer interferón hasta el ataque de la célula T aniquiladora, puede verse alterado por un virus u otro para favorecer su propia supervivencia.

Por ejemplo, el VIH tiene varias maneras de eludir la respuesta inmunitaria, incluida la integración de su provirus en el genoma de la célula anfitriona, donde se camufla como una pieza más del ADN hospedador. Pero en este estado el virus aún está expuesto al ataque del sistema inmunitario cuando se replica. Para evitarlo, el VIH muta con rapidez cambiando la composición de las proteínas de su superficie para no ser reconocido por células T y anticuerpos específicos. El VIH también infecta y destruye células T CD4, las mismas que impulsan la respuesta inmunitaria en contra de él. De modo que la infección avanza y el sistema inmunitario del huésped se debilita, el virus consigue multiplicarse dentro del organismo sin ningún control junto con otros microbios «oportunistas» que el cuerpo ya no es capaz de doblegar.

La mayoría de los virus induce una inmunidad robusta, de tal modo que cuando el huésped se recupera de una infección ya se ha vuelto resistente a otro ataque del mismo virus. Esta inmunidad surgida de manera natural es la que emulan las vacunas, que consisten en virus muertos o inactivos, en virus modificados o en fragmentos de ellos. Esto engaña al sistema inmunitario para que responda como si se tratara de una infección natural, lo que evita cualquier ataque posterior. En el capítulo 9 se relacionan las diversas formas en que se han desarrollado y empleado las vacunas para prevenir enfermedades víricas devastadoras o incluso para erradicar por completo virus patógenos.

4

Infecciones por virus emergentes: virus transmitidos por vertebrados

Las infecciones emergentes infunden un temor que a veces roza el pánico cuando un microbio desconocido surge sin avisar e infecta y mata a la gente al parecer de forma indiscriminada. Aunque esta situación es más habitual en las películas de terror que en la vida real, lo cierto es que en la actualidad aparecen microbios «nuevos» con una frecuencia cada vez mayor.

Desde el año 2000 hemos asistido a la emergencia del síndrome respiratorio agudo grave (SARS) en 2003, a la pandemia de gripe A en 2009, el síndrome respiratorio de Oriente Medio (MERS) en 2012, la enfermedad por el virus del Ébola en 2014 y la epidemia del virus del Zika en 2016, así como la cepa de gripe aviar y la pandemia sin resolver del virus de inmunodeficiencia humana (VIH). Este capítulo 4 y también el 5 se centrarán en estas infecciones víricas, así como en otras menos conocidas, pero igualmente amenazantes de virus emergentes que atacan al ser humano y a animales domésticos.

Con infección o enfermedad emergente aludiremos aquí tanto a la aparición de una enfermedad infecciosa causada por un virus que es nuevo para la especie que infecta como a una infección reemergente, lo que significa que aumenta la frecuencia de la enfermedad, ya sea en su localización geográfica tradicional o en una región diferente. Ejemplos de estas últimas son la gripe A y la gripe aviar, así como los coronavirus del SARS y del MERS. Muchos virus transmitidos por insectos, como el virus del dengue, son reemergentes en la actualidad. Estos, denominados *arbovirus* (virus transmitidos por artrópodos), se abordan en el capítulo 5.

Los virus de reciente descubrimiento que causan enfermedades bien conocidas también se denominan a veces *infecciones emergentes.* Estos incluyen algunos virus tumorales que se tratarán en el capítulo 8.

Los virus nuevos que aparecen de repente y se propagan con éxito en una población huésped que nunca antes se había topado con ellos pueden producir un pequeño brote infeccioso localizado o una epidemia más amplia, y en ambos casos se habla de una «infección que se da con una frecuencia mayor de la esperada», lo que puede derivar en pandemia si se propaga por varios continentes al mismo tiempo. Sin embargo, estas definiciones no dicen nada sobre la extensión o la duración de un brote de la enfermedad. Como veremos, los distintos patrones de los brotes de virus emergentes dependen de factores virales, incluido el periodo de incubación, las manifestaciones de la enfermedad y el método de transmisión, y de factores relevantes del propio huésped, como las condiciones de vida, la propensión a viajar y el éxito de las medidas preventivas.

Cuando un virus pasa a una especie huésped nueva por primera vez debe superar una serie de obstáculos antes de poder establecerse en la población nativa. En primer lugar debe infectar células del nuevo huésped, y eso implica encontrar una molécula receptora en la célula anfitriona a la que unirse. Muchas posibles infecciones víricas se frustran en este punto, un hecho que explica la barrera de especie para la mayoría de virus. Y, aun cuando el virus consiga unirse y entrar en las células anfitrionas, también puede ocurrir que no consiga reproducirse en su interior, lo que da como resultado otra infección malograda. Por ejemplo, el VIH no puede infectar células de ratón porque la estructura de la molécula del receptor de CD4 que usa el virus para infectar células humanas presenta unas diferencias en roedores que la vuelven irreconocible para el virus. Incluso cuando se trasplantan moléculas receptoras humanas del VIH a células de ratón en laboratorio, la infección sigue siendo fallida porque las células de ratón carecen de las proteínas esenciales que necesita el virus para replicarse.

Sin embargo, en ocasiones los virus consiguen penetrar y replicarse con éxito en las células de una especie huésped nueva, pero por regla general, cuando vence la ventana de oportunidad, que dura alrededor de una semana, en la que pueden colonizar al huésped y reproducirse, su progenie debe trasladarse a otro huésped susceptible antes de que este desarrolle inmunidad y los aniquile. El virus del Ébola y la gripe aviar H5N1 han conseguido infectar al ser humano, pero hasta la fecha difieren en cuanto al éxito logrado. Mientras que el Ébola se puede contagiar entre humanos (aunque por ahora no es capaz de mantener una infección a largo plazo en el huésped), la gripe H5N1, que pasó por primera vez de las aves al ser humano en 1997, no tiene capacidad para ello. Esta variante de la gripe aún está mal adaptada al nuevo huésped humano, y solo habrá riesgo de que la gripe H5N1 se convierta en pandemia cuando desarrolle un método eficaz para propagarse entre humanos.

La mayoría de los virus aparentemente nuevos que infectan al ser humano no son nuevos por completo. O son virus que han mutado o se han recombinado lo suficiente para ser irreconocibles por el sistema inmunitario humano o, lo más habitual, se trata de virus procedentes de animales que han aprovechado la oportunidad para pasar de una especie animal a otra cuando ambas entraron en contacto. Estos últimos reciben el nombre de *virus zoonóticos*, y las enfermedades que causan se denominan *zoonosis víricas*. Algunos virus zoonóticos se contagian al ser humano directamente a partir del animal huésped, mientras que otros necesitan un insecto vector que los traslade de un huésped a otro.

Virus transmitidos por murciélagos

Desde hace mucho tiempo se sabe que los virus de la rabia se pueden transmitir a través de la mordedura de un murciélago, pero como ahora hemos invadido sus territorios, cada vez hay más contactos entre los murciélagos y las personas, y son varias las infecciones por virus emergentes que tienen este origen.

El virus del Ébola es un virus de ARN en forma de filamento que pertenece a la familia de los filovirus. Se descubrió tras un brote explosivo en Yambuku, una localidad remota en el norte de Zaire (actual República Democrática del Congo) en 1976, y debe su nombre al río Ébola que discurre por esa zona. Aquel brote comenzó con un profesor de escuela que se sintió mal después de una excursión a la selva. En el hospital local de misioneros lo trataron de malaria, pero los síntomas evolucionaron hacia una fiebre hemorrágica viral en toda regla con una temperatura altísima, intenso dolor abdominal, diarreas, vómitos, calambres musculares y sangrado generalizado. Falleció en cuestión de días, y la enfermedad se propagó entre la familia del profesor, otros pacientes del hospital y el personal sanitario hasta acabar infectando a 318 habitantes de la localidad, de los que murieron 280.

La enfermedad del virus del Ébola (EVE) se contagia de persona a persona a través de los fluidos corporales (sobre todo la sangre, el vómito, la saliva, la orina, las heces, la leche materna y el semen), y los factores de riesgo para contraer la infección incluyen la asistencia sanitaria a un paciente enfermo sin equipo de protección individual (EPI) adecuado y participar en los ritos funerarios de una víctima del virus del Ébola (como limpiar el cuerpo y lavar orificios corporales).

Las indicaciones de la Organización Mundial de la Salud (OMS) para tratar los brotes de Ébola contienen tres grandes exigencias: la identificación y confinamiento veloz de los casos con protocolo hospitalario de aislamiento estricto; el rastreo de todas las personas que han tenido contacto con el paciente y su puesta en cuarentena durante veintiún días (el periodo máximo de incubación del virus) con seguimiento de la temperatura corporal, y la colaboración ciudadana, sobre todo en cuestiones tan sensibles como las costumbres funerarias locales. El acatamiento de estas indicaciones permitió controlar con éxito unos veinte brotes rurales de Ébola en la República Democrática del Congo, Uganda, Gabón y Sudán entre 1976 y 2014, lo que evitó que la enfermedad se propagara más allá de las inmediaciones más próximas.

En marzo de 2014 se produjo un estallido de Ébola en una región remota de Guinea, en el oeste de África, cerca de la frontera con Sierra Leona y Liberia. Como no había ninguna noticia previa de que hubiera habido Ébola en África occidental, no se reconoció la enfermedad de inmediato y se propagó a Sierra Leona y Liberia antes de que fuera diagnosticada. Estos tres países se cuentan entre los más pobres del mundo y en 2014 se encontraban saliendo de décadas de inestabilidad. Los servicios de atención sanitaria eran completamente inadecuados para hacer frente al Ébola, así que los hospitales se vieron desbordados, y los pacientes infectados con la enfermedad contagiaron a cientos de trabajadores sanitarios desprovistos de los equipos de protección necesarios. Si a esto le añadimos la profunda desconfianza de la población en sus gobernantes, así como en los médicos y los remedios occidentales, tal vez no sea de extrañar que se prefirieran los servicios de los sanadores tradicionales, que la comunidad ocultara los casos de Ébola y que los entierros tradicionales continuaran.

A lo largo de seis meses el virus se extendió sin control, y en agosto de 2014 la OMS declaró una emergencia de salud pública internacional en África occidental y empezó a coordinar una respuesta conjunta. Por entonces la epidemia ya había llegado a las capitales de los tres países implicados y, antes del fin de 2014, el virus del Ébola había llegado a Nigeria, Mali y Senegal. Por primera vez en la historia el virus se propagó fuera de África, ya que cooperantes infectados contagiaron el virus a personal sanitario en EE. UU. y España.

No obstante, una vez que se anunció la ayuda internacional y que se pusieron en marcha nuevos centros de tratamiento y laboratorios de diagnóstico, la OMS logró aplicar sus recomendaciones. Las comunidades locales empezaron a valorar poco a poco las ventajas de esas indicaciones y a aceptar el esfuerzo internacional. La epidemia se declaró concluida por fin en enero de 2016, cuando había 28.637 casos comunicados con un índice de mortalidad global del 40 % (figura 8).

Durante las últimas fases de la epidemia de Ébola de 2014-2016 se vio con claridad que a veces el virus se queda en el cuerpo tras recuperarse de un cuadro agudo de la enfermedad. Los lugares donde se oculta incluyen los ojos, donde causa inflamación y posible ceguera; el cerebro, lo que da lugar a encefalitis a veces mortal, y el tracto genital masculino, desde donde el virus puede transmitirse por vía sexual y causar la enfermedad en la pareja de la persona infectada, lo que posiblemente provoque una nueva epidemia.

Se sabe desde hace mucho que el virus del Ébola es zoonótico, pero aún se discute cuál es su huésped animal. Este virus es capaz de infectar a ciertos animales domésticos (como cabras y cerdos) y también ha causado brotes en primates grandes. Sin embargo, como todos estos animales sufren una enfermedad devastadora, es improbable que actúen como reservorio del virus a largo plazo. El dedo acusador apunta en este caso hacia los murciélagos y, de hecho, en varias especies de murciélagos se han detectado secuencias del genoma y anticuerpos del virus del Ébola, pero en ninguna de ellas se ha aislado jamás el virus vivo. De modo que la búsqueda continúa y, hasta que demos con el culpable o los culpables, es muy probable que siga habiendo brotes repentinos e inesperados de esta

Casos semanales de Ébola comunicados

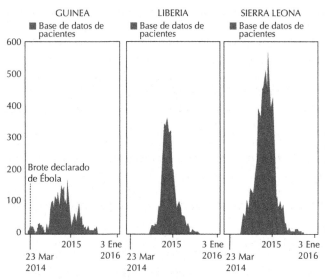

8. Gráficas con los casos de Ébola en Guinea, Liberia y Sierra Leona entre 2014-2016.

enfermedad letal. Aunque no hay medicamentos para tratar la enfermedad del virus del Ébola, en la actualidad existe una vacuna eficaz, y su uso durante un brote para inmunizar a todas las personas que han tenido contacto con el caso índice debería interrumpir la propagación inicial del virus.

Los coronavirus conforman una gran familia de virus que causan sobre todo infecciones respiratorias y gastrointestinales en humanos, incluido el resfriado común, y también infectan a una variedad amplia de otros mamíferos. El coronavirus del síndrome respiratorio agudo grave (SARS-CoV-1) apareció por primera vez en noviembre de 2002 en Foshán, en la

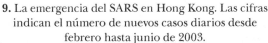

Fecha de inicio (2003)

9. La emergencia del SARS en Hong Kong. Las cifras
indican el número de nuevos casos diarios desde
febrero hasta junio de 2003.

provincia china de Cantón, donde causó un brote de
neumonía atípica. En un principio el virus siguió una
propagación local, sobre todo entre los miembros de
las familias de los pacientes y el personal hospitalario,
pero todo cambió en febrero de 2003 cuando un médico que había tratado casos de SARS en la provincia
de Cantón viajó a Hong Kong. Pasó una noche en un
hotel antes de ingresar en el hospital, donde falleció
de SARS unos días después. El virus se propagó entre
el personal sanitario y los visitantes del hospital, lo
que provocó una epidemia en Hong Kong (figura 9).
Aquel médico también contagió el SARS-CoV-1 a al
menos diecisiete huéspedes del hotel que a su vez lo
trasladaron a cinco países más, lo que causó epidemias en Canadá, Vietnam y Singapur. La rápida diseminación del virus amenazó con provocar una pan-

69

demia, pero, para sorpresa de todos, en julio de 2003 desapareció tras dejar un saldo total de unos 8.000 casos y 800 muertes en veintinueve países de los cinco continentes.

El SARS-CoV-1 se propaga por vía aérea y, tras un periodo de incubación de entre dos y catorce días, sus víctimas desarrollan fiebre, malestar general, dolor muscular y resfriado, lo que a veces evoluciona y se traduce con rapidez en neumonía viral que requiere cuidados intensivos con ventilación mecánica en alrededor del 20 % de los casos. De haberlo dejado a su suerte, el SARS-CoV-1 habría avanzado sin duda alguna dejando tras de sí su rastro de destrucción, pero muchas de sus características contribuyeron a su rauda desaparición. Un detalle importante es que el virus causa casi siempre una enfermedad manifiesta, de modo que los casos y sus contactos pudieron reconocerse y aislarse y, como las víctimas solo son infecciosas cuando han desarrollado los síntomas, esto permitió prevenir que aumentara la propagación. Durante el SARS el virus se reproduce en los pulmones y se propaga a través de la tos. Esto genera unas gotículas de moco relativamente pesadas que no llegan demasiado lejos por el aire; de ahí que los contactos cercanos, como los miembros de la familia y el personal hospitalario, sean quienes corren un riesgo mayor, y los miembros de este último grupo conforman más del 20 % de los casos en todo el mundo. Una vez detectados todos estos factores, la aplicación de un protocolo hospitalario de aislamiento estricto y el confinamiento de los pacientes y de las personas con las que estuvieran en contacto fueron suficientes para contener la propagación del virus y evitar una pandemia.

La búsqueda de un origen animal para el SARS-CoV-1 se centró en los mercados de animales vivos de Cantón. En ellos se ofertan diversos mamíferos de pequeño tamaño, y varios de ellos portan virus similares al SARS, en especial la civeta de las palmeras enmascarada (o paguma). Sin embargo, más tarde se identificó que el reservorio natural del SARS lo conforman los murciélagos chinos de herradura, así que es de suponer que el virus pasó de los murciélagos a otras especies animales en mercados donde se encuentran hacinadas en jaulas repletas de individuos, y después se trasladó a los vendedores del mercado, lo que dio lugar a la epidemia.

Otro virus peligroso que transmiten los murciélagos apareció en 1997 cuando un grupo de granjeros malayos comunicó un brote de una enfermedad respiratoria en los cerdos, y después varios dueños de granjas y empleados de mataderos sufrieron encefalitis. Por suerte, la enfermedad no se contagiaba directamente de persona a persona, y con posterioridad se controló con el sacrificio de un millón de cerdos en 1999. Para entonces se habían dado 265 casos de encefalitis y 105 fallecimientos. A partir del cerebro de una de las víctimas se aisló un paramixovirus nuevo, que recibió el nombre de *virus de Nipah* por la localidad en la que residía esa persona. El virus se rastreó hasta los murciélagos frugívoros (también conocidos como *zorros voladores*), y parece probable que la ruta hasta el ser humano comenzara cuando la deforestación dejó sin cobijo a una colonia de murciélagos. Estos se trasladaron a árboles cercanos a granjas de cerdos, y el virus se propagó hasta ellos a través de los excrementos de los quirópteros y, a continuación, de los cerdos a los granjeros y al personal de los mataderos.

71

Resulta que el virus de Nipah es muy similar al virus de Hendra que también transmiten los murciélagos y que se aisló en 1994 a partir de las víctimas de un brote de enfermedad respiratoria severa en la granja de Hendra, en el extrarradio de Brisbane, Australia, donde acabó con la vida de catorce caballos y uno de sus entrenadores. Brotes similares en Bengala Occidental en 2001 y en Bangladesh en 2001 y 2004 también se atribuyeron a virus de murciélagos, lo que indica que estos preciosos animalitos peludos distan mucho de ser una compañía segura.

Virus emergentes transmitidos por especies grandes de mamíferos

El coronavirus del síndrome respiratorio de Oriente Medio (o MERS-CoV, por sus siglas en inglés) es muy similar al SARS-CoV-1, al igual que la enfermedad que causa. El virus apareció por primera vez en Arabia Saudí en 2012, cuando se dio un pequeño brote de una enfermedad parecida al SARS. El virus identificado a partir de aquel estallido parece circular por Oriente Medio, donde ha causado muchos brotes pequeños desde 2012. A finales de 2016 se había registrado un total de 1.917 casos de MERS confirmados por laboratorio en veintisiete países, con un índice de mortalidad global aproximado del 36 %. Los casos diagnosticados en Asia, Europa y EE. UU., o bien se importaron directamente de Oriente Medio, o bien estuvieron vinculados a algún caso importado. Hasta el momento actual el mayor brote de MERS ocurrido fuera de Oriente Medio tuvo lugar en la República de Corea en 2015, cuando hubo unos 180 casos y 32 fallecimientos.

El MERS-CoV no se transmite con facilidad entre humanos y, aunque en ocasiones parece pasar de los pacientes a otros miembros de su familia y sus cuidadores, no se ha comunicado ninguna transmisión sostenida dentro de una comunidad. El origen del MERS-CoV no se ha esclarecido por completo, pero se cree que los camellos constituyen un reservorio importante del virus y el origen de la mayoría de las infecciones en humanos.

No existe ningún tratamiento específico para el MERS y ninguna vacuna para su prevención. Por tanto, al igual que con el SARS, el aislamiento de los casos y la cuarentena de sus contactos conforman las medidas de control más efectivas.

A diferencia del virus del Ébola, el SARS-CoV-1 y el MERS-CoV, el virus de inmunodeficiencia humana (VIH) causa una infección crónica con un periodo latente muy prolongado antes de que aparezcan los síntomas. El virus lleva propagándose entre humanos desde comienzos del siglo XX y, a pesar de los fármacos existentes para controlar la infección, aún va en aumento en ciertas partes del mundo. A finales de 2015 la OMS informó de que en el mundo viven 36,7 millones de personas infectadas con el VIH, el 70 % de ellas en el África subsahariana. Desde la primera identificación del síndrome de inmunodeficiencia adquirida (sida) inducido por el VIH, en torno a 78 millones de personas se han contagiado con VIH, lo que ha causado 35 millones de muertes (figura 10).

La infección por VIH sin tratar se traduce en sida tras una media de diez años, y este síndrome se identificó por primera vez en 1981 en San Francisco, cuando se produjo el fallecimiento de varios varones homosexuales por infecciones anómalas superpuestas a una inmunodepresión severa inducida por el VIH. El VIH se propaga a través del contacto con la sangre de la persona portadora y, cuando se hizo patente el alcance de la pandemia, emergieron tres grupos de riesgo bien diferenciados: personas con múltiples parejas sexuales, tanto heterosexuales como homosexuales; personas hemofílicas y con otras anomalías que requieren transfusiones regulares de sangre o productos sanguíneos, y consumidores de drogas inyectadas.

El rastreo del origen del VIH en humanos ha llevado a señalar el África subsahariana, en particular Kinsasa, en la República Democrática del Congo, como el epicentro de la pandemia. Se calcula que el VIH infectó a personas de esta región a lo largo de unos cien años y que, en torno a 1966, una persona infec-

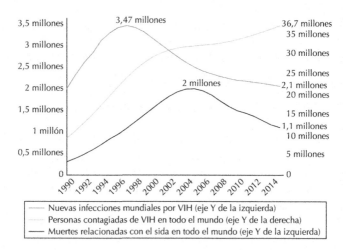

10. Número estimado de muertes relacionadas con el sida, nuevas infecciones por VIH y personas que viven con VIH en todo el mundo (de 1990 a 2015).

tada trasladó una sola cepa del virus desde la República Democrática del Congo hasta Haití, donde causó una epidemia. Entonces, unos dos años después, otro individuo transportó el virus sin saberlo de Haití a EE. UU., donde se estableció con firmeza y desde donde saltó rápidamente a Europa y otras zonas. De modo que en el momento en que se descubrió el VIH en 1983, la pandemia ya había crecido exponencialmente, y se ha revelado muy difícil de controlar.

Los VIH están estrechamente emparentados con retrovirus de primates llamados *virus de inmunodeficiencia en simios* (VIS), y ahora está claro que estos virus similares al VIH han saltado de los primates al ser humano en África central en varias ocasiones durante el pasado, lo que dio lugar a infecciones humanas con el VIH-1 de los tipos M, N, O y P, así como con el VIH-2. Sin embargo, solo uno de esos virus, el VIH-1 de tipo M, ha conseguido propagarse por todo el mundo. El ancestro de este virus se ha rastreado hasta una subespecie de chimpancés *(Pan troglodytes troglodytes)*, entre los cuales causa una enfermedad parecida al sida. Como estos animales se cazan para comer, lo más probable es que la infección humana se produjera por contaminación con sangre durante el proceso de matanza y descuartizamiento. Posiblemente esto ocurrió en el sudeste de Camerún, donde viven chimpancés portadores de un VIS muy emparentado con el VIH-1 de tipo M. Es probable que el virus viajara después (dentro de alguna persona) desde el sudeste de Camerún a lo largo del río Sangha, un afluente del río Congo, hasta llegar a Leopoldville (actual Kinsasa), capital del antiguo Congo Belga, en torno a 1959.

Otros capítulos de esta obra abordan más aspectos de la infección por VIH: como su naturaleza de infección persistente en el capítulo 7, los tumores asociados al VIH en el capítulo 8 y las estrategias de prevención en el capítulo 9.

Virus transmitidos por aves

Los virus de la gripe son ejemplos perfectos de virus que mutan con frecuencia, en un proceso llamado *deriva antigénica*. Los virus de la gripe circulan constantemente dentro de una comunidad acumulando cambios genéticos y causando brotes regulares cada invierno y epidemias más extensas cada ocho o diez años. Hay tres cepas de gripe, A, B y C, pero solo la gripe A es un virus zoonótico. Con ayuda de las aves salvajes este virus también puede experimentar recombinación genética, o variación antigénica, y dar lugar a una cepa completamente nueva de gripe intercambiando fragmentos de su genoma con otras variedades. Esto tiene el potencial de causar una pandemia.

Los huéspedes naturales de los virus de la gripe A son las aves acuáticas, en especial los patos, pero estos virus también infectan otros animales diversos entre los que se cuentan las aves de corral, los cerdos, los caballos, los gatos y las focas. La gripe A se replica en los intestinos de las aves salvajes, que la secretan a través de las heces sin manifestar ningún síntoma mientras propagan con eficacia el virus entre otras poblaciones de aves. Los virus de la gripe son paramixovirus con un genoma de ARN de ocho genes que están segmentados, lo que significa que en lugar de ser una cadena continua de ARN, cada gen forma una hebra separada. El gen H (de la hemaglutinina) y el gen N (de la neuraminidasa) son los más importantes para estimular la inmunidad protectora del huésped. Hay dieciséis genes H diferentes y nueve genes N diferentes, y todos ellos se encuentran en todas las combinaciones de virus de gripe aviar. Como estos genes residen en hebras separadas de ARN, en ocasiones se mezclan o recombinan. Por tanto, si dos virus de gripe A con distintos genes H y/o N infectan una misma célula, la descendencia portará combinaciones diversas de genes procedentes de ambos virus progenitores. La mayoría de estos virus es incapaz de infectar al ser humano, pero en ocasiones surge una cepa viral nueva que pasa directamente a las personas y causa una pandemia.

A lo largo de los cien últimos años ha habido cinco pandemias de gripe: en la gripe «española» H1N1 de 1918, los ocho genes procedían de aves; la gripe «asiática» H2N2 de 1957 adquirió tres genes nuevos, incluidos genes H y N de aves, y la gripe «de Hong Kong» H3N2 de 1968 tomó dos genes nuevos de patos salvajes. La gripe «rusa» de 1977 (que probablemente escapó de un laboratorio de Rusia) era una versión del virus H1N1 de la década de 1950; mientras que la gripe «porcina», o gripe A, que surgió en México en 2009 tiene seis genes del virus de la gripe A de América del Norte y dos genes del virus de la gripe A de Eurasia.

En promedio, las epidemias y pandemias de gripe A matan en torno a una de cada mil personas infectadas, donde la población de riesgo suele estar formada por los más jóvenes, los más mayores y las personas con enfermedades crónicas. Además, las pandemias atacan a menudo a los adultos jóvenes: durante la epidemia de gripe rusa de 1977 la juventud fue la que salió peor parada porque no tenía inmunidad previa, mientras que la gente más mayor se salvó porque ya estaba inmunizada. De forma similar, durante la pandemia de gripe A de 2009 la enfermedad afectó con más severidad a adultos jóvenes y mujeres embarazadas.

El virus de la gripe más virulento de todos con gran diferencia del que se tienen registros fue la cepa de la pandemia de 1918, que atacó a adultos jóvenes y mató a entre cuarenta y cincuenta millones de personas en todo el mundo, en torno al 2,5 % de los infectados. Comparada con otras variedades del virus H1N1 no pandémicas, la cepa de 1918 porta varias mutaciones que incrementan su capacidad infecciosa y su ritmo de crecimiento en células humanas. Una mutación importante en un gen llamado *NS1* impide que las células infectadas con el virus produzcan interferones, la citocina clave para evitar la propagación del virus por el cuerpo y responsable de desencadenar toda la cascada inmunitaria. Esta mutación ya está presente en el virus de la gripe aviar H5N1 aparecida en gansos de granja de China en 1996, lo que explica los altos índices de mortandad que causó entre las aves, sobre todo en pollos. Por suerte, no ha aprendido a pasar con eficacia al ser humano. Tras su emergencia el virus se propagó con rapidez y causó una panzootia (una pandemia en animales) que aún sigue expandiéndose en el momento de redactar estas líneas. Las infecciones humanas con H5N1 han sido pocas, con 854 casos notificados a la OMS en julio de 2016, la mayoría de ellos entre cuidadores de aves y sin ninguna transmisión sostenida de persona a persona. Pero es una enfermedad grave que ha causado 450 muertes confirmadas.

La emergencia de casi todos los virus nuevos de la gripe recientes se ha detectado en China, donde circulan libremente entre animales hacinados en granjas y mercados de aves vivas. En los años transcurridos desde la aparición de la gripe aviar H5N1 se han reconocido otros virus atroces de gripe aviar (los llamados *virus de gripe aviar altamente patógenos* –o HPAI, por sus siglas en inglés–), todos ellos con el gen H5, pero con diferentes variedades del gen N que ahora se conocen como *virus H5Nx*. Tienen una transmisibilidad baja al ser humano, pero sigue habiendo riesgo de pandemia humana si en algún momento se produce una deriva genética que dé lugar a un virus transmisible a las personas.

Aparte de los virus de gripe aviar H5, en los últimos tiempos han emergido varios virus no H5 (conocidos como *virus de la gripe aviar poco patógenos*). Aunque son poco patógenos en aves, algunos pueden infectar al ser humano, aunque sin transmisión sostenida por ahora. El más grave es el virus H7N9, que surgió en 2013 y ya ha causado 793 infecciones en humanos con 319 muertes. Por otro lado, un brote de H7N7 en Países Bajos causó tan solo una enfermedad leve en humanos. A falta de vacunas contra estos virus potencialmente peligrosos se mantiene la política de sacrificar las aves infectadas.

A partir de estos ejemplos de virus emergentes y reemergentes ya podemos abordar la cuestión de por qué están en auge en el momento presente. La transferencia de virus zoonóticos del huésped inicial al ser humano se ve favorecida por determinadas prácticas conductuales o culturales, entre las que entraña un riesgo especial la interacción con animales salvajes, muchos de los cuales portan virus con potencial para infectarnos. Ya ocurrió así con el SARS-CoV-1, el VIH y probablemente el virus del Ébola, los cuales pasaron al ser humano cuando sus huéspedes naturales fueron cazados para consumo humano. Y, una vez establecidos en las personas, su propagación ha aumentado mucho con los viajes, sobre todo los aéreos, ya que transportan un virus dentro del viajero a cualquier parte del globo antes de que repare en que está infectado. Con el largo periodo que permanece latente antes de que haya síntomas, el VIH ha sido el virus por excelencia que se ha servido de esta forma de propagación.

También hemos visto que los virus de ARN, como el VIH y el virus de la gripe, mutan mucho más a menudo que los virus de ADN, lo que genera una progenie tan variada que alguna es capaz de eludir el sistema inmunitario del huésped con más eficacia y, por tanto, prosperar más que el resto. Con el tiempo acaba apareciendo un virus que difiere lo bastante de sus ancestros como para ser inmunológicamente irreconocible. Entonces toda la población huésped será susceptible y puede aparecer una epidemia.

Muchas características del estilo de vida moderno incrementan el riesgo de infecciones emergentes entre humanos, y la mayoría de ellas va unida a la sobrepoblación. La población mundial casi se ha doblado cada quinientos años desde el comienzo de nuestra era hasta el año 1900, momento en que alcanzó la cifra de 1.600 millones. Pero en el siglo XX la esperanza de vida se disparó, y la población mundial se cuadruplicó hasta llegar a los 6.000 millones en el año 2000. Si este ritmo de crecimiento continúa sin moderarse, vamos camino de alcanzar los 9.000 o 10.000 millones de habitantes en el año 2100.

Una población de este tamaño depara muchos problemas, en especial la merma de los recursos naturales, el aumento de la contaminación, la pérdida de biodiversidad y el calentamiento global. Pero en lo que respecta a virus emergentes, el problema más grave radica literalmente en la falta de espacio. Ya hemos visto que la invasión de los territorios de la fauna salvaje, ya sea para talar selvas tropicales, para cazar para comer o para ampliar áreas urbanas, conlleva el riesgo de contraer virus desconocidos que a veces resultan letales. Más del 50 % de las personas reside en megaciudades como Tokio, que tiene más de 35 millones de habitantes, de modo que cuando nos infecta un virus es fácil que se propague entre nosotros. Esto se da aún más entre los ciudadanos más pobres de países con pocos recursos, donde la falta de aire limpio y agua potable y la ausencia de depuradoras de aguas residuales proporciona un acceso fácil a microbios de toda índole. Tal como ilustran el VIH, el SARS-CoV-1, el virus del Ébola y la gripe A, una buena propagación local conduce a una diseminación internacional. Cada año toman vuelos internacionales más de 1.000 millones de personas en todo el mundo, por lo que los virus nuevos encuentran ahí una vía eficaz para propagarse con rapidez. El mundo debe prepararse mejor para afrontar la emergencia repentina e inesperada de enfermedades infecciosas. Este tema se abordará en el capítulo 10.

Los virus que infectan animales también proliferan gracias a la superpoblación. Para ellos las granjas de cría intensiva equivalen a ciudades abarrotadas y les ofrecen la posibilidad de extenderse con facilidad entre sus huéspedes. Un ejemplo notable lo ofrece el brote de fiebre aftosa que irrumpió en Gran Bretaña en 2001, cuando se vieron piras para sacrificar animales de granja por los campos de todo el país. Este virus, de alta infecciosidad entre vacas, ovejas, cerdos, cabras y ciervos, afecta a la boca y las pezuñas, lo que les produce cojera, y, aunque no suele ser mortal, estos deterioros físicos causan graves daños económicos. El virus que provoca esta enfermedad está muy extendido en Asia, en Europa continental, en África y América del Sur, pero no suele darse en Australasia, Estados Unidos de América, Canadá y Reino Unido. Lo más probable es que en 2001 el virus entrara en Reino Unido en carne contaminada que formaba parte de piensos para cerdos elaborados a base de productos de desecho. Esos animales se trasladaron después a otras regiones y con ello comenzó la epidemia.

Los virus animales suelen atravesar las fronteras internacionales de forma inadvertida dentro de sus huéspedes, y en ocasiones pasan al ser humano cuando arriban al nuevo destino. No hay ningún misterio en la llegada del virus de la viruela de los monos a EE. UU. en 2003. A diferencia de lo que sugiere su nombre, este virus infecta de manera natural a roedores de África y en ocasiones pasa al ser humano y causa una enfermedad leve parecida a la viruela que no suele ser mortal. El brote en EE. UU., que causó más de setenta casos antes de quedar bajo control, se rastreó hasta una partida de ratas gigantes de Gambia importadas desde Ghana. Una tienda de mascotas había alojado estas ratas junto a perritos de las praderas, y estos se infectaron con el virus, que transmitieron a sus dueños. Claramente este comercio internacional de animales exóticos no está exento de peligros y debería contar con regulaciones más estrictas.

Infecciones por virus emergentes: virus transmitidos por artrópodos

Los arbovirus se transmiten por lo común a través de la picadura de insectos lo bastante pequeños como para pasar inadvertidos hasta que el daño ya está hecho. Estos insectos no son meros portadores pasivos de virus, sino que son necesarios para que los virus completen su ciclo vital. De modo que los arbovirus no pueden pasar directamente de una víctima a otra salvo en raras ocasiones, mediante la transfusión de sangre contaminada o el trasplante de un órgano infectado. A pesar de ello, estos virus se están expandiendo mucho en la actualidad y están causando grandes epidemias en humanos y animales domésticos, lo que incrementa la morbilidad y la mortalidad, y tiene implicaciones económicas graves.

El virus de la fiebre amarilla fue el primer arbovirus que se descubrió y, aunque existe una vacuna para prevenir la infección desde comienzos del siglo xx, la fiebre amarilla sigue causando brotes regulares en zonas rurales de América del Sur y África, y en la actualidad está reemergiendo en ambos continentes (figura 11).

El virus de la fiebre amarilla infecta de manera natural a primates no humanos en las selvas tropicales de África Occidental y Central y América del Sur, y tiene el ciclo de infección típico de otros arbovirus emergentes diversos de descubrimiento reciente, como el del Zika y el de la chikunguña. Los mosquitos hembra (de *Aedes africanus* en África y de los géneros *Haemagogus* y *Sabathes* en América) sorben el virus al alimentarse con la sangre de un huésped infectado. Entonces los virus se replican en el estómago del mosquito y penetran en las glándulas salivales listos para ser depositados y multiplicarse en su siguiente víctima. Esto se denomina *ciclo selvático*, pero el virus de la fiebre amarilla también tiene un ciclo urbano que afecta a las personas. Este ciclo comienza cuando un ser humano recibe la picadura de un mosquito portador del virus en la selva. Entonces el virus se puede propagar entre humanos a través del mosquito *Aedes aegypti*, un insecto de hábitos diurnos que vive cerca del ser humano, se reproduce en depósitos de agua estancada y es capaz de causar una epidemia.

La transmisión de arbovirus se ve directamente afectada por los cambios en la densidad de la población vector. Durante muchos años el insecticida DDT (dicloro difenil tricloroetano) mantuvo bajo control las poblaciones del vector y, con ello, la propagación del virus. Pero en 2004 se limitó su uso en el Convenio de Estocolmo sobre Contaminantes Orgánicos Persistentes, y en ciertas regiones tropicales y subtropicales se dispararon las poblaciones de mosquitos.

El cambio climático es otro factor relevante que condiciona la geografía de los insectos vector, ya que la suavización del clima o el aumento de la humedad en algunas zonas permite que los insectos se extiendan más allá de sus territorios tradicionales. La confluencia de estos cambios ha provocado la emergencia y ree-

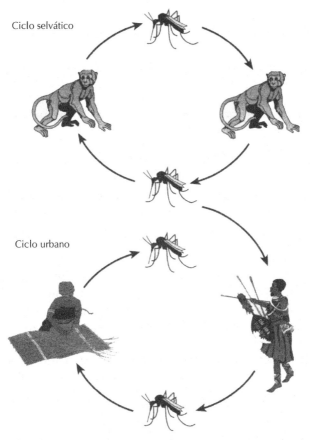

Ciclo selvático

Ciclo urbano

11. Ciclo de transmisión de la fiebre amarilla.

mergencia de varios virus que se transmiten a través de insectos, incluidos los flavivirus del Zika y del dengue, ambos emparentados con el virus de la fiebre amarilla, así como los virus de la fiebre del valle del Rift y de la chikunguña en humanos, y los virus de la lengua azul y de Schmallenberg en animales de granja.

Virus del dengue

A lo largo de los últimos sesenta años el virus del dengue, tradicionalmente restringido al sudeste asiático, se ha propagado a nuevas áreas geográficas y en la actualidad se ha convertido en un problema importante en África tropical y América del Sur (figura 12). Según la OMS es el arbovirus con la propagación más veloz a nivel mundial.

El virus del dengue suele infectar sin causar síntomas, pero puede provocar la clásica fiebre del dengue, caracterizada por una temperatura muy elevada; cefaleas severas; dolor de músculos, huesos y articulaciones; vómitos y erupciones cutáneas. Un estudio de 2013 calculó que cada año se dan 96 millones de casos clínicos significativos de fiebre del dengue, casi el doble de los casos notificados en 2009. Por razones obvias, la enfermedad recibe el sobrenombre de *fiebre rompehuesos* o *quebrantahuesos*, pero a pesar de ser una experiencia poco placentera, lo habitual es una recuperación completa. Sin embargo, entre el 1 y el 2 % de los casos deviene en fiebre hemorrágica del dengue (o dengue hemorrágico), que conlleva sangrado bajo la piel, del tracto digestivo y hemorragia pulmonar, lo que conduce a un fallo circulatorio llamado *síndrome de shock por dengue*. Si no se aplica un tratamiento específico, este síndrome tiene una mortalidad elevada.

Hay cuatro tipos de virus del dengue y todos ellos se transmiten a través de los mosquitos vector *Aedes aegypti* y *albopictus*. Los cuatro tipos circulan por Asia, mientras que solo el de tipo 2 se encuentra en África, lo que sugiere que el virus surgió en Asia. A comienzos del siglo XIX la fiebre del dengue se extendió a áreas

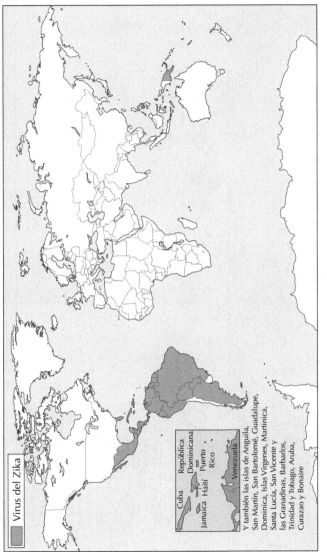

12. Distribución mundial del virus del Zika.

Virus del Zika

Cuba
República Dominicana
Jamaica
Haití
Puerto Rico
Venezuela

Y también las islas de Anguila, San Martin, San Bartolomé, Guadalupe, Dominica, Islas Vírgenes, Martinica, Santa Lucía, San Vicente y las Granadinas, Barbados, Trinidad y Tobago, Aruba, Curazao y Bonaire

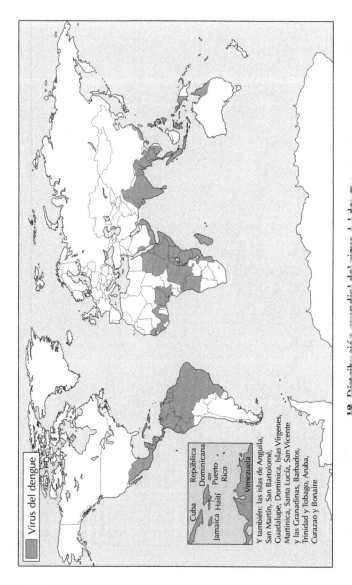

Virus del dengue

Cuba
República Dominicana
Jamaica Haití Puerto Rico
Venezuela

Y también: las islas de Anguila,
San Martín, San Bartolomé,
Guadalupe, Dominica, Islas Vírgenes,
Martinica, Santa Lucía, San Vicente
y las Granadinas, Barbados,
Trinidad y Tobago, Aruba,
Curazao y Bonaire

18. Distribución mundial del virus del dengue

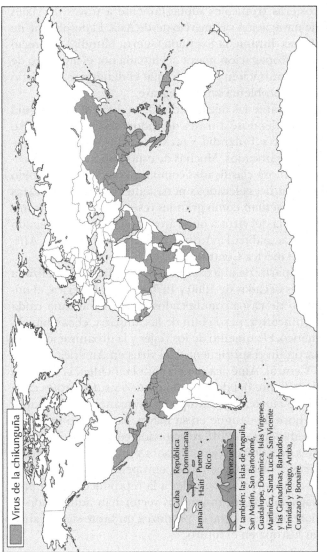

12. Distribución mundial de los virus de la chikunguña.

Virus de la chikunguña

Cuba
Jamaica
Haití
República
Dominicana
Puerto
Rico
Venezuela

Y también: las islas de Anguila,
San Martín, San Bartolomé,
Guadalupe, Dominica, Islas Vírgenes,
Martinica, Santa Lucía, San Vicente
y las Granadinas, Barbados,
Trinidad y Tobago, Aruba,
Curazao y Bonaire

costeras tropicales supuestamente a través de viajes de navegación y comercio desde Asia. El despliegue de tropas durante la Segunda Guerra Mundial favoreció una propagación mayor acentuada por el aumento de la urbanización, de modo que el dengue se convirtió en un problema sanitario grave.

Durante las décadas de 1950 y 1960 el virus siguió expandiéndose a través de Indonesia, Malasia, India, Filipinas y Tailandia, y provocó varios brotes significativos notificados. Muchas de estas regiones se encuentran ahora clasificadas como hiperendémicas, debido a sus índices elevados y persistentes de infección. Estas zonas actúan como grandes reservorios para la transferencia del virus a otras áreas, y el dengue ha llegado en la actualidad a Australia, las islas del Pacífico, África y América Central.

A partir de una campaña de erradicación realizada en las décadas de 1960 y 1970 en toda América, el número de casos comunicados experimentó una caída significativa, pero el fin de la campaña, el cambio climático, el aumento de los viajes y la urbanización causaron un resurgimiento del virus en América del Sur y Central. América tiene ahora la incidencia más alta de la fiebre del dengue del mundo y sufre brotes cada tres o cinco años. Europa ha permanecido hasta ahora libre de dengue en su mayor parte, pero un brote en Madeira en 2012 relacionado con un viajero causó más de 2.000 casos notificados y una transferencia del virus a otros trece países europeos. Los cambios en la climatología favorables a la reproducción y la propagación de los mosquitos vector han aumentado el potencial para que se produzca un brote significativo en Europa en el futuro.

Virus de la chikunguña (VCHIK)

El virus de la chikunguña ha pasado recientemente de estar casi relegado al olvido a convertirse en un riesgo para la salud pública global que afecta a millones de individuos en los cinco continentes (figura 12). El virus causa la fiebre de chikunguña, una enfermedad similar a una gripe asociada a dolor intenso de articulaciones que a menudo se diagnostica por error como fiebre del dengue o malaria. La recuperación suele ser rápida, pero el dolor esporádico de articulaciones con sensación de agotamiento puede persistir durante años. Chikunguña significa «enfermedad del retorcido» en una lengua bantú y hace alusión a la postura encorvada que provoca el dolor persistente de articulaciones.

Al igual que el virus de la fiebre amarilla, el virus de la chikunguña se mantiene dentro de un círculo selvático entre mosquitos *Aedes* spp. y primates no humanos que habitan en esas junglas, y solo aparece en humanos cuando una picadura de esta especie salta a un entorno urbano mantenida por el mosquito *Aedes aegypti*. Este virus, detectado por primera vez en 1952 en la región de la llanura Makonde en la frontera entre Tanzania y Mozambique, ha causado desde entonces epidemias en África, Asia, Europa y el Pacífico Sur y, en épocas más recientes, también en América.

En 2005 comenzó un pequeño brote en la isla Reunión, en el océano Índico, donde hay pocas colonias de *Aedes aegypti*. El brote manifestó un incremento lento hasta diciembre de 2005, cuando experimentó un aumento espectacular que superó los 240.000 casos. Análisis virales evidenciaron que había emergido una cepa nueva del virus con más capacidad para repro-

91

ducirse en los mosquitos *Aedes albopictus*, que son más abundantes. Desde entonces, esta variedad del virus se ha extendido a India y al sudeste asiático y el norte de Italia, donde se dio el primer brote documentado en un clima subtropical y en una zona donde *Aedes albopictus* es la única especie vector. Este mosquito se encuentra ahora en veinte países europeos, lo que aumenta las posibilidades de transmisión del virus de la chikunguña en regiones más templadas.

Este virus llegó a América en 2013, y desde entonces se han notificado brotes en 26 islas y catorce países continentales, lo que ha dado lugar a más de un millón de casos confirmados.

Virus del Zika

El virus del Zika es un flavivirus muy emparentado con los del dengue, la fiebre amarilla y el virus del Nilo Occidental. Se aisló por primera vez con monos Rhesus en Uganda en 1947 y se le dio el nombre del bosque local Zika. Hasta 2007 el virus estaba confinado en África ecuatorial y Asia, donde los mosquitos lo propagaban entre monos dentro de un ciclo selvático. La infección humana era esporádica y por lo general asintomática, aunque causaba la fiebre del Zika, una especie de gripe leve, en una minoría de casos. En 2007 el virus se transmitió entre humanos a través de mosquitos *Aedes aegypti* y *albopictus*, empezó a extenderse hacia el este, causó epidemias en las islas del Pacífico y en 2015 llegó a Brasil.

Entre 2015 y 2016 el virus del Zika causó grandes epidemias de fiebre del Zika en Brasil y otros países de América del Sur y el Caribe con millones de infectados (figura 12). Aunque la enfermedad que causaba era leve, las notificaciones de graves defectos congénitos en los bebés de mujeres embarazadas infectadas de Zika y casos ocasionales de síndrome de Guillain-Barré en adultos, causante de daños neurológicos, animaron a la OMS a declarar en febrero de 2016 una Emergencia de Salud Pública de Importancia Internacional. Desde entonces, la demostración de que el virus puede traspasar la placenta, infectar el feto y causarle daños en tejidos, ha confirmado que el virus va asociado a defectos de nacimiento, sobre todo microcefalia (cabeza pequeña con un desarrollo cerebral reducido). Además, el virus se ha detectado en el semen de cierta proporción de hombres recuperados de la fiebre del Zika, y se han registrado algunos casos de transmisión sexual.

A falta de fármacos o vacunas para el Zika resulta muy difícil controlar este virus, de modo que se aconsejó a las mujeres embarazadas en áreas de epidemia el empleo de repelentes de insectos y la práctica de sexo seguro, mientras que a las que se encontraban fuera de las zonas de epidemia se les recomendó no viajar a los países afectados por ella.

Durante los meses más fríos de 2016-2017 la epidemia de Zika remitió, pero para entonces el virus ya había ampliado su rango de mosquitos vector para incluir especies no tropicales. De modo que se espera que el virus se propague más por toda América, Europa y Australasia. Mientras se busca una vacuna contra el virus del Zika, el énfasis se ha puesto en la actualidad en el uso de aerosoles insecticidas para el control de los insectos vector mediante la destrucción de sus charcas de reproducción y la liberación experimental de mosquitos macho genéticamente modificados (que no son los que pican) para que la descendencia muera antes de alcanzar la madurez.

Virus de la fiebre del Valle del Rift

El virus de la fiebre del Valle del Rift (VFVR) es un virus que viaja en mosquitos y causa la fiebre del Valle del Rift (FVR), una enfermedad zoonótica en humanos que se adquiere a través de animales rumiantes. En los rumiantes, la fiebre del Valle del Rift se caracteriza por un incremento de la mortalidad neonatal, abortos y anomalías fetales. La infección en humanos suele ser asintomática, pero puede causar una breve enfermedad febril. En una pequeña minoría de casos aparecen síntomas más graves que incluyen hepatitis aguda, fallo renal y complicaciones hemorrágicas.

La fiebre del Valle del Rift se identificó por primera vez en 1930 tras un aumento de la mortalidad y de abortos en ovejas cerca del lago Naivasha, en Kenia, y los primeros brotes subsiguientes se limitaron geográficamente a la costa oriental de África. Los mosquitos se confirmaron como vector importante de la enfermedad en Uganda en 1948, aunque el virus no se identificó como agente causante de esta hasta 1950, a partir de un brote intenso en Sudáfrica. En el África subsahariana la enfermedad suele aparecer tras episodios prolongados de lluvias excesivas en praderas de la sabana con matorrales y arboledas, mientras que los brotes en África oriental van asociados a la meteorología de El Niño-Oscilación del Sur, que da lugar a precipitaciones de lluvia anómalas que llegan a durar varios meses. Las inundaciones provocadas por las lluvias intensas hacen eclosionar los huevos de mosquito latentes, lo que da lugar a una población enorme de mosquitos infectados con el virus capaces de transmitir la enfermedad a huéspedes vertebrados y, por tanto, de iniciar un ciclo epizoótico. Hasta la fecha se ha evidenciado que hay más de treinta especies de mosquitos, así como moscas de arena, jejenes y garrapatas que son portadoras y transmisoras del virus de la fiebre del Valle del Rift.

A lo largo de los cincuenta últimos años, este virus se ha expandido fuera de su región endémica tradicional y ha llegado a más de treinta países que incluyen zonas de África occidental, Egipto y Madagascar. Recientemente se propagó hasta la península arábiga (año 2000), lo que marcó la primera epidemia fuera de África. El virus infecta a diversos animales, entre ellos ovejas, ganado bovino, cabras, camellos y búfalos, en los que provoca enfermedades graves que suelen dar lugar a considerables pérdidas económicas.

Hasta hace poco los casos de fiebre del Valle del Rift en humanos durante brotes en rumiantes eran raros y, por lo común, leves, y se daban en individuos en contacto directo con esos animales. El primer gran brote en la población general se dio en Egipto tras la finalización de la presa de Asuán, construida en 1977 para regular el cauce del río Nilo, lo que supuso un aumento considerable de los lugares de reproducción del mosquito. Se calcula que aquel brote causó entre 20.000 y 200.000 casos humanos y 600 muertes, y fue seguido por varias epidemias humanas con una mortalidad considerable en África oriental en 1997-1998, 2006-2007 y 2008, lo que sugiere un aumento de la virulencia del virus de la fiebre del Valle del Rift en humanos.

La posible expansión geográfica del virus, sus efectos para la salud humana y del ganado, y su posible empleo en acciones de terrorismo biológico ha desencadenado un interés mundial sobre todo en el desarrollo de una vacuna y en el diagnóstico de la enfermedad. En el presente no existe ninguna vacuna para humanos, aunque hay varias de uso veterinario en las zonas endémicas.

Virus de la lengua azul y de Schmallenberg

Los virus de la lengua azul y de Schmallenberg infectan a animales rumiantes de granja y se propagan entre ellos a través de jejenes Culicoides. Ambas enfermedades suelen aparecer durante los meses de verano, cuando se produce una explosión en las poblaciones de estos jejenes, y ambas infecciones tienen consecuencias socioeconómicas graves.

El virus de la lengua azul infecta sobre todo a ovejas y se manifiesta con fiebre, exceso de salivación, espuma en la boca, secreción nasal e hinchazón de cara y lengua. La coloración azul en la lengua de las ovejas, debida a bajos niveles de oxígeno en sangre, da nombre a la enfermedad. La cojera es otro síntoma, y también puede deparar neumonía y conducir a un desenlace fatal. Más a menudo se produce una recuperación lenta, pero con alteración en el crecimiento de la lana.

La enfermedad de la lengua azul se detectó por primera vez en Sudáfrica, y tradicionalmente ha estado restringida a áreas tropicales y subtropicales porque los jejenes africanos no sobreviven en inviernos crudos. Sin embargo, el jején ha ampliado recientemente su territorio al sur de Europa, donde el virus ha sido acogido por jejenes europeos más robustos. Cada año el virus se ha desplazado un poco más al norte, y ya se ha detectado en Alemania, Francia, Holanda y Bélgica en 2006, donde sobrevivió al invierno y llegó a Reino Unido y Dinamarca en 2007, Suecia en 2008 y Noruega en 2009.

La infección con el virus de Schmallenberg se detectó por primera vez en vacas lecheras en agosto de 2011, en forma de enfermedad que causa fiebre, reducción de la producción de leche, pérdida de apetito, pérdida del buen estado físico y diarrea, en la región fronteriza entre Alemania y Países Bajos. La búsqueda de causas comunes resultó infructuosa y, en cuestión de tres meses, se identificó el nuevo virus responsable y se desarrolló y distribuyó un test diagnóstico para esta enfermedad. El virus debe su nombre a la localidad alemana en la que se identificó por primera vez.

La infección con el virus de Schmallenberg en rumiantes adultos suele ser subclínica o leve, pero entre 2011 y 2012 se apreció que la infección de animales preñados causaba el síndrome de artrogriposis-hidranencefalia en la prole, lo que da lugar a malformaciones congénitas, abortos y mortinatos.

Desde su identificación a finales de 2011, se han dado casos confirmados de infección por este virus en veintisiete países europeos con una prevalencia superior al 80 % en los rebaños infectados. Análisis de la trayectoria del viento sugieren que el desplazamiento de los jejenes es el responsable de la propagación del virus de Schmallenberg por toda Europa. El origen de este virus sigue sin esclarecerse.

Los factores que favorecen la emergencia y reemergencia de arbovirus suelen ser similares a los de otros virus, incluida la mutación viral, el hacinamiento y los viajes internacionales a largas distancias, pero los arbovirus están, por definición, limitados por la geografía de las especies vector. Por tanto, para que un arbovirus colonice un territorio nuevo suele ser necesario que un insecto portador viaje y encuentre un huésped susceptible al llegar a su destino, o que un huésped infectado realice el salto, de tal modo que el virus sea acogido y propagado después por insectos locales al llegar a destino. Por improbable que parezca, ambas situaciones se han documentado, si bien, como el rango de vuelo de los insectos es limitado, no suelen trasladar los virus demasiado lejos. Sin embargo, durante el comercio de esclavos, el virus de la fiebre amarilla consiguió saltar entre continentes, y pasar de África a América del Sur a través de mosquitos portadores del virus que se reproducían en los toneles de agua que iban a bordo de los barcos. Después los insectos se establecieron tanto en un círculo selvático en primates de América del Sur como en un ciclo urbano en humanos, lo que causó muchas epidemias graves de fiebre amarilla antes de que se desarrollara la vacuna.

En épocas más recientes, el paso del virus del Zika de una isla a otra del océano Pacífico, desde África hasta América del Sur a través de la Polinesia Francesa, se logró mediante viajeros humanos infectados, de manera que el último tramo del viaje parece haberse realizado en el interior de un asistente al Campeonato Mundial de Piragüismo de 2014-2015.

El salto de Israel a EE. UU. del virus del Nilo Occidental en 1999 constituye otro ejemplo de transferencia intercontinental, aunque el medio de transporte sigue siendo incierto. Este virus infecta a aves y se propaga a través de mosquitos que, a su vez, lo contagian al ser humano con su picadura. La infección suele ser asintomática, pero puede causar una enfermedad parecida a la gripe y, en ocasiones muy contadas, encefalitis. Por ahora el virus no se ha transmitido de persona a persona, de modo que la infección en humanos suele ser una vía muerta para el virus. Aun así, el virus tuvo que llegar a EE. UU. dentro de algún ave o mosquito que hiciera el salto continental y, después, encontrar mosquitos en EE. UU. que pudieran propagarlo entre las aves locales tras su llegada.

Los arbovirus que infectan animales también pueden viajar dentro de sus huéspedes y, a medida que aumenta el comercio internacional de animales, se está convirtiendo en un método eficaz de propagación siempre que haya insectos vector adecuados en el lugar de destino. Como alternativa, tal como se vio con los virus de la lengua azul y de Schmallenberg, la propagación a grandes distancias se logra a menudo a través de varias generaciones de insectos portadores del virus que son arrastrados por el viento y/o por la transmisión del virus a insectos locales adaptados. El cambio climático de los últimos tiempos ha incrementado enormemente estos desplazamientos, lo que ha tenido unas consecuencias económicas graves.

Puesto que la emergencia y reemergencia de virus va en aumento, se necesitan con urgencia vacunas para proteger al ser humano y los animales domésticos, así como para evitar que los virus se propaguen. Hasta ahora esta necesidad de nuevos fármacos ha sido ignorada por los fabricantes de vacunas por motivos relacionados con su viabilidad económica. Sin embargo, después de la desastrosa epidemia del Ébola de 2014-2016, durante la cual no hubo ninguna opción de tratamiento o de prevención de la enfermedad, se creó la Coalición para la Innovación en Preparación frente a Epidemias con el propósito expreso de desarrollar primeras fases de vacunas contra microbios que suponen una amenaza epidémica. El proyecto cuenta con el respaldo económico de grandes entidades, como Wellcome Trust y la Fundación Gates, así como de varios países individuales, y entre sus primeros objetivos figuran los virus de Nipah, del MERS, del SARS, del Ébola y del Zika. Este proyecto debe tener éxito porque de ello dependen la salud y la prosperidad futuras de numerosos países en vías de desarrollo.

6
Epidemias y pandemias

Toda vez que un virus emergente grave (como una cepa nueva de la gripe) consigue establecerse en una población, suele afincarse en forma de epidemias cíclicas durante las cuales infecta a mucha gente susceptible que se vuelve inmune a ataques posteriores. Cuando la mayoría de la población se ha inmunizado, el virus se traslada y no regresa hasta que haya surgido una población susceptible nueva que, por lo común, está formada por personas nacidas después de la última epidemia. Antes de que se generalizaran las campañas de vacunación, los niños pequeños sufrían una serie de enfermedades contagiosas bien conocidas denominadas *infecciones infantiles*. Estas incluyen el sarampión, las paperas, la rubeola y la varicela, todas ellas causadas por virus y de las cuales solo la varicela sigue estando muy extendida en Occidente en la actualidad.

Para saber en qué momento y de qué manera sufrió el ser humano por primera vez estas infecciones infantiles graves hay que remontarse 10.000 años atrás, a la época en que se produjo la revolución de la agricultura, que comenzó en la región de la Media Luna Fértil (la zona situada entre los ríos Tigris y Éufrates donde se encuentran hoy Irak e Irán), desde donde se propagaron con rapidez a los territorios vecinos. Esta alteración enorme del estilo de vida hizo que nuestros ancestros dejaran de ser cazadores-recolectores nómadas para convertirse en agricultores afincados en comunidades fijas. Las consecuencias de este cambio para los microbios que los infectaban también fueron inmensas. Con ello comenzó un periodo de epidemias graves y a menudo mortíferas, cada vez más frecuentes, que incluían las que ahora se cuentan entre las enfermedades infantiles agudas.

Esta embestida estuvo directamente relacionada con la transformación del estilo de vida. Los campamentos temporales se sustituyeron por pequeñas viviendas estrechas y permanentes en poblaciones masificadas que permitían un acceso fácil de los microbios aerotransportados a sus huéspedes; al mismo tiempo, los alimentos y el agua, que antes se recolectaban a diario, pasaron a almacenarse en condiciones poco higiénicas, lo que favorecía la transmisión fecal-oral de microbios intestinales infecciosos. El principal factor para la introducción de microbios nuevos entre los primeros agricultores era su proximidad a animales recién domesticados, con los que empezaron a compartir vivienda y que portaban consigo su propio zoo microbiano.

Como vimos en el capítulo 1, la técnica del reloj molecular revela que el virus de la viruela está emparentado con los poxvirus de los camellos y gerbillos, y no con la viruela bovina como se suponía con anterioridad. Los científicos consideran probable que el poxvirus de los roedores pasara al ser humano y los camellos a comienzos del periodo agrícola, y calculan que el suceso tuvo lugar entre 5.000 y 10.000 años atrás. En cambio, el pariente más cercano del virus del sarampión es el virus de la peste bovina, y se calcula que ambos virus se separaron de un ancestro común hace más de 2.000 años. Por tanto, parece que estos y muchos otros microbios animales infectaron al ser humano durante los comienzos de la era agrícola. En un principio, cada una de las epidemias comenzaba con la transferencia del virus de un huésped animal a un huésped humano y finalizaba con la infección de la mayoría de las personas susceptibles de cada población. Entonces, a medida que aumentaban los contactos comerciales entre aldeas, ciudades y países, esos virus «nuevos» siguieron avanzando y causando epidemias cada vez mayores y más generalizadas.

Los estudios de los brotes de sarampión en poblaciones insulares de diversos tamaños, como Islandia, Groenlandia, Fiyi y Hawái, revelan que una comunidad de 500.000 habitantes es suficiente para que el virus circule continuamente por ella, y es probable que la cifra sea similar en el caso de otros virus que se propagan por el aire. Las primeras localidades de este tamaño aparecieron en torno al año 5000 a.C. en la región de la Media Luna Fértil, de modo que, a partir de entonces, virus como el del sarampión pudieron desligarse del todo del vínculo con otros huéspedes animales para convertirse en patógenos exclusivos del ser humano.

Los virus se propagan entre huéspedes de formas muy diversas, pero los que causan epidemias graves suelen utilizar métodos veloces y eficaces, como el aire o la ruta fecal-oral. El primero de estos es el método más eficaz para la propagación en países industrializados, donde la gente suele vivir en pueblos y ciudades abarrotados, mientras que la segunda ruta es más eficaz en países no industrializados, sobre todo en aquellos con unas condiciones de higiene deficientes.

En términos generales, las infecciones víricas se distinguen por los órganos afectados, de manera que los virus aerotransportados causan principalmente enfermedades respiratorias, como gripe, el resfriado común o neumonía, mientras que los virus que se transmiten por contaminación fecal-oral provocan trastornos intestinales que incluyen náuseas, vómitos y diarreas. Literalmente hay miles de virus capaces de causar epidemias en humanos, pero solo unos pocos generan las enfermedades específicas de la infancia, como el sarampión, las paperas, la varicela y, hasta hace bien poco, la viruela.

Virus aerotransportados

El virus de la viruela conforma una clase especial propia como el virus más mortífero del mundo. Infectó al ser humano por primera vez hace al menos 5.000 años, y solo en el siglo XX acabó con la vida de trescientos millones de personas. Este virus mataba al 30 % de los infectados y dejaba a muchos de los supervivientes ciegos y con cicatrices. Pero después de tantos siglos de devastación, el virus de la viruela se erradicó al fin del medio natural en 1980. La lucha para prevenir y eliminar la viruela se expone en el capítulo 9.

Hasta la década de 1960 casi todos los niños contraían el sarampión, las paperas y la rubeola, pero, tras la introducción de las campañas de vacunación, estas enfermedades se han convertido en rarezas, sobre todo en el mundo desarrollado. Estos tres virus acceden al organismo a través de la nariz y la boca, y colonizan las glándulas linfáticas de esas zonas. Después, tras un periodo de incubación de dos semanas, los virus viajan por el torrente sanguíneo para llegar a los órganos internos. Esta viremia induce síntomas no específicos, como fiebre, malestar, dolor de cabeza y moqueo, mientras el virus se instala en los órganos que ataca, y aparecen los signos característicos de la enfermedad: las ronchas delatoras del sarampión y la rubeola, y el dolor y la inflamación de las glándulas parótidas con las paperas. Estas enfermedades serán leves en la mayoría de casos, y quienes se recuperan de ellas desarrollan inmunidad de por vida, pero todas ellas llevan asociadas complicaciones graves que han convertido su prevención en un objetivo esencial en todo el mundo.

De estos tres virus, el del sarampión es el más infeccioso y causa la enfermedad más grave. Mataba a millones de niños cada año antes de que se aplicara la vacunación a mediados del siglo XX. Todavía hoy este virus mata a más de 70.000 niños al año en países con bajos niveles de vacunación. La mayoría de muertes por sarampión se deben a neumonía causada, o bien por el propio virus del sarampión, o bien porque otros microbios invaden los pulmones dañados. En los países en vías de desarrollo el sarampión mata a entre el 1 y el 5 % de las personas infectadas, pero la cifra puede alcanzar el 30 % en lugares con unas condiciones de vida de gran hacinamiento, como los campos de refugiados. Como el ser humano es el único huésped del virus del sarampión, y la vacuna es segura y muy efectiva, la erradicación del sarampión es posible y, de hecho, se ha conseguido en EE. UU. y Australia a lo largo de periodos prolongados. La iniciativa contra el sarampión (Measles Initiative) de 2001, concebida con el objetivo de acabar erradicando esta enfermedad en todo el mundo, ya había reducido en un 74 % las muertes por sarampión en todo el mundo en 2005, principalmente por la extensión de la vacunación al África subsahariana y las regiones del Mediterráneo oriental y del Pacífico occidental. La meta era evitar el 90 % de las muertes por sarampión en todo el mundo y haber acabado con el virus en 2020 (véase el capítulo 9).

La rubeola también se conoce como *sarampión alemán* porque fue descrita por primera vez por el médico alemán Friedrich Hoffmann (1660-1742) en el siglo XVIII, y porque George Maton, otro médico alemán, la diferenció del sarampión y de la fiebre escarlata o escarlatina en el siglo XIX. La infección suele ser leve, corta y a menudo pasa inadvertida. Casi no tendría importancia si toda la historia se acabara ahí, pero en la década de 1940 el médico australiano Norman Gregg (1892-1966) detectó una asociación entre madres gestantes con rubeola y malformaciones congénitas en sus bebés, consistentes por lo común en alteraciones cardiacas y visuales y pérdida de audición. El virus de la rubeola en la sangre de las madres gestantes atraviesa la placenta y prolifera en el bebé, cuyo sistema inmunitario es demasiado inmaduro para reaccionar. Esto daña los órganos en desarrollo del feto, y el periodo de riesgo coincide con el de la formación de los órganos, entre la décima y la decimosexta semanas del embarazo. La vacuna contra la rubeola se suele administrar junto con la del sarampión y la de las paperas en la preparación denominada *triple vírica*, y prácticamente ha erradicado la rubeola congénita en países con una cobertura vacunal elevada, pero la enfermedad sigue siendo un problema en los países en vías de desarrollo. Como las tres vacunas se suministran juntas, el plan de la OMS para la erradicación de la rubeola a nivel mundial coincidía con el del sarampión para el año 2020.

Las paperas también son una enfermedad bastante leve, sobre todo en la infancia, cuando puede ser incluso asintomática, al igual que la rubeola. La vacunación se recomienda para evitar las complicaciones graves de meningitis, encefalitis y orquitis (inflamación de los testículos). Esta última afección se da en alrededor del 30 % de los varones que tienen paperas después de la pubertad y suele ser bilateral, lo que puede causar infertilidad.

La varicela todavía hace estragos en Reino Unido y es una de las infecciones infantiles graves más comunes en todo el mundo. Arrasa en centros de atención preescolar y colegios de manera regular, donde infecta a casi todos los niños susceptibles antes de proseguir su camino. Sin embargo, existe una vacuna eficaz que se ofrece a todos los niños en EE. UU., Canadá, Australia y algunos países europeos. Aunque la varicela se comporta como una enfermedad infecciosa grave clásica similar al sarampión, las paperas y la rubeola, el virus se queda en el organismo para toda la vida después de la infección inicial y más adelante puede resurgir y causar herpes. Este virus se abordará con más detalle, junto a otros virus persistentes, en el capítulo 7.

La mayoría de la gente se resfría dos o tres veces al año, lo que sugiere que el sistema inmunitario, que tan bien nos protege de un segundo ataque de sarampión, paperas o rubeola, cae derrotado ante el virus del resfriado común. Pero no es así. Lo cierto es que hay tantos virus causantes de los síntomas típicos de nariz taponada, dolor de cabeza, malestar general, moqueo, estornudos, tos y, en ocasiones, fiebre, que aunque viviéramos cien años, no los contraeríamos todos. Hay más de cien tipos distintos del virus del resfriado común, o rinovirus, y muchos otros virus que infectan las células que revisten la nariz y la garganta y provocan síntomas similares, a menudo con variaciones sutiles. Por ejemplo, a diferencia de la mayoría de virus respiratorios, que se propagan mejor durante los meses de invierno, los virus de Coxsackie suelen provocar resfriados de verano, y los echovirus y adenovirus pueden producir además conjuntivitis, es decir, irritación y enrojecimiento de ojos. Todos estos virus generan síntomas locales tras un periodo de incubación de dos o tres días que pueden prolongarse durante tres o cuatro días y no requieren tratamiento. Sin embargo, las infecciones provocan a menudo una pérdida de tiempo laboral o formativo y, como son tan comunes, su repercusión económica a nivel mundial resulta enorme.

Todas las personas con hijos saben que los niños pequeños son muy propensos a contraer infecciones de las vías respiratorias superiores (el típico niño mocoso). Son susceptibles al gran número de virus respiratorios que circulan dentro de una comunidad en cualquier momento dado y, aunque la mayoría de estas infecciones sea leve, algunos de estos virus pueden causar enfermedades más graves, sobre todo en los niños. Si una infección se desplaza a los conductos del tracto respiratorio y causa bronquiolitis, neumonía o crup, puede llegar a ser alarmante y requerir asistencia hospitalaria. Virus como el de la parainfluenza y el virus respiratorio sincitial están especialmente asociados a estos problemas en niños, y causan epidemias

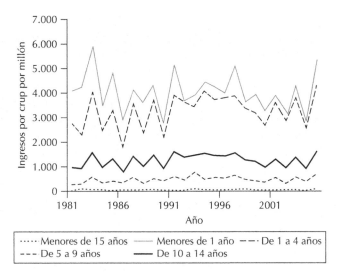

13. Hospitalizaciones por crup de niños menores de quince años de edad en EE. UU. entre 1981 y 2002.

regulares y picos de ingresos hospitalarios (figura 13). De hecho, se calcula que a nivel mundial las infecciones respiratorias agudas, en su mayoría víricas, matan cada año a unos cuatro millones de niños menores de cinco años.

Cualquier persona que esté convencida de que no ha ido a trabajar durante varios días por causa de la gripe es probable que haya padecido uno de los numerosos virus causantes de resfriados comunes, porque un ataque real de gripe causado por los virus de la gripe A o B es una historia muy diferente. Aunque produce síntomas respiratorios parecidos, la gripe tiene unos efectos físicos más graves, con dolor muscular y fiebre, que a menudo se prolongan durante siete días. Incluso después de recuperarse, algunas personas que

109

pasan la gripe se sienten atolondradas y decaídas durante un tiempo, lo que retrasa aún más la reincorporación al puesto de trabajo. En climas templados, los brotes de gripe A y B se producen casi todos los inviernos y causan una mortandad significativa, sobre todo por neumonía, entre la población más joven, la más mayor y personas con patologías de riesgo. Además, la repercusión económica debida a la pérdida de tiempo laboral y a ingresos hospitalarios es lo bastante grande como para que los gobiernos persigan estrategias preventivas y de curación.

Virus de transmisión fecal-oral

Los virus que afectan a los intestinos son tan diversos como los virus respiratorios y, del mismo modo, los cientos de tipos que hay pueden atacar al ser humano en cualquier momento de la vida. Estos virus se propagan, o bien de forma directa a través de una higiene inadecuada en las manos, o bien a través del agua de consumo, los alimentos y objetos contaminados, como superficies y mantas o sábanas; también presentan una adaptación elevada al cuerpo humano y a nuestro estilo de vida. Sobreviven en el medio ácido del estómago que mata la mayoría de invasores de otros tipos y después atacan el revestimiento intestinal, con lo que matan las células y, por tanto, frenan la producción de enzimas digestivas e impiden la absorción de líquidos. Todo esto induce los desagradables síntomas de la gastroenteritis. Estos virus fabrican cantidades ingentes de descendientes capaces de sobrevivir durante largos periodos fuera del cuerpo y que infectan con una dosis muy baja del virus. Tras un periodo de incubación de entre uno y dos días, los dos causantes principales de estos males, los rotavirus y los norovirus, inducen la aparición repentina de fuertes vómitos, diarreas líquidas profusas y retortijones abdominales que contaminan con eficacia el medio y aseguran su supervivencia.

Los rotavirus son una de las causas principales de gastroenteritis a nivel mundial, y atacan sobre todo a niños menores de cinco años. La enfermedad varía en cuanto a intensidad, pero suele durar entre cuatro y siete días, y el mayor problema que plantea es la deshidratación. De hecho, los rotavirus causan más de 600.000 fallecimientos infantiles al año en todo el mundo, sobre todo en países en vías de desarrollo, donde los virus se propagan con facilidad y los tratamientos de emergencia para la rehidratación no siempre están disponibles. Como cada niño infectado llega a producir cien mil millones (10^{11}) de partículas virales por cada mililitro de heces, y solo se necesitan diez partículas virales para contagiar la infección, no es de extrañar que los brotes de rotavirus sean frecuentes y difíciles de controlar.

Mientras circulan por la comunidad, los rotavirus, al igual que los virus de la gripe, experimentan deriva genética y acumulan mutaciones puntuales hasta volverse lo bastante diferentes como para infectar a quienes ya eran inmunes a la cepa del virus progenitor. Además, muchas variantes de rotavirus causan gastroenteritis en animales jóvenes, como terneros, lechones, corderos, potros, pollos y gazapos, los cuales pueden actuar como reservorios de rotavirus.

Los norovirus constituyen la segunda causa más común de gastroenteritis vírica, después de los rotavirus, y provocan una enfermedad más leve y de menor duración. Estos virus acumulan unos veintitrés millones de casos de gastroenteritis al año, y las epidemias se concentran sobre todo en residencias de ancianos, hospitales, así como guarderías, campamentos y escuelas infantiles. Una peculiaridad es que la memoria inmunitaria frente a los norovirus suele ser corta, de modo que las epidemias afectan a adultos y niños por igual. Los brotes de norovirus entre el pasaje y la tripulación de los buques de cruceros suelen llenar titulares no solo porque arruinan las vacaciones de lujo de quienes van a bordo, sino también porque causan graves pérdidas económicas para las compañías navieras, dado que a menudo obligan a dejar la nave fuera de servicio mientras se identifica la fuente del brote y se desinfecta el barco.

Los enterovirus conforman un grupo inusual de virus porque, tal como sugiere su nombre, se propagan por vía fecal-oral, afectan a los intestinos y se excretan con las heces y, sin embargo, solo causan problemas si se extienden a otros órganos. El poliovirus es el más conocido del grupo, puesto que puede causar una enfermedad mortal, la poliomielitis paralítica, pero solo en alrededor de 1 de cada 1.000 personas infectadas.

Al igual que otros enterovirus, el poliovirus puede sobrevivir alegremente durante largos periodos en agua y aguas residuales, de modo que allí donde los estándares de higiene son bajos se propaga con rapidez entre los niños pequeños. Los poliovirus crecen en las células que revisten el intestino y las glándulas linfáticas asociadas sin generar síntomas, pero en algunos casos afectan a tejidos nerviosos, donde pueden causar una enfermedad grave. En unos pocos huéspedes desafortunados, el virus se aloja en el cerebro y causa meningitis (lo que se denomina *polio no paralítica*) o en la médula espinal, donde destruye células nerviosas y paraliza los músculos relacionados con ellas (la polio paralítica). Esta última es mortal en alrededor del 5 % de los casos, sobre todo cuando la parálisis afecta a la musculatura respiratoria, lo que conduce a un fallo respiratorio.

La poliomielitis es una enfermedad de los tiempos modernos, ya que cobró relevancia en Occidente en el siglo xx. Durante cierto periodo causó terribles brotes estivales que parecían afectar de forma indiscriminada a niños perfectamente sanos, en lugar de contagiarse de persona a persona. Esto solo se pudo detener cuando se introdujo la vacuna en la década de 1960 (véase el capítulo 9). En los países en vías de desarrollo de entonces, y se cree que también en los países industrializados antes de la llegada del siglo xx, los poliovirus circulaban a sus anchas dentro de cada comunidad e infectaban prácticamente a toda la población durante la primera infancia. En estas condiciones, la poliomielitis paralítica era casi desconocida. Se cree que la naturaleza latente de la infección se debía a anticuerpos maternos residuales que pasaban a través de la placenta mientras el bebé se encontraba en el útero y que lo protegían de la variedad paralítica impidiendo la propagación del virus fuera del intestino. Después, a medida que aumentaba la higiene y que la infección se volvía menos común durante la infancia, muchas madres no llegaban a infectarse nunca y, por tanto, no generaban anticuerpos que pudieran transmitir a sus hijos para protegerlos. De modo que la incidencia de la polio paralítica mantenía una relación inversa con los niveles de higiene, que fueron en aumento junto con la industrialización de cada país.

Muchas familias de virus que, como los rotavirus, dependen de la transmisión fecal-oral y causan gastroenteritis en humanos, producen los mismos síntomas en animales, lo que genera grandes pérdidas económicas en el sector pecuario. Aun así, en el transcurso de los siglos, el virus de la peste bovina (o peste del ganado) probablemente haya causado más pérdidas y apuros que ningún otro. El virus de la peste bovina es pariente cercano del virus del sarampión, pero causa una enfermedad muy diferente. El virus infecta a animales biungulados (de pezuña hendida), como bueyes, búfalos, yaks, ovejas, cabras, cerdos, camellos y varias especies salvajes que incluyen los hipopótamos, la jirafa y el jabalí. Suele contagiarse por contacto directo. Accede a través de la boca y se desarrolla en las glándulas linfáticas de la nariz y la garganta, donde produce secreción nasal. Desde ahí la infección se extiende a lo largo de todo el intestino, donde causa ulceración severa. La descripción clásica de la peste bovina en lengua inglesa es la de las tres des: *discharge, diarrhoea, death* (secreción, diarrea y muerte). El desenlace fatal se debe a la pérdida de fluidos con deshidratación acelerada. La enfermedad mata a alrededor del 90 % de los animales infectados.

La peste bovina era un problema importante en Europa y Asia y, cuando se introdujo en África a finales del siglo XIX, mató a más del 90 % del ganado, lo que supuso unas pérdidas económicas devastadoras. El Programa Mundial de Erradicación de la Peste Bovina comenzó en la década de 1980 con el objetivo de emplear una vacuna eficaz para librar al mundo de este virus en 2010. La iniciativa funcionó, y en octubre de 2010 la enfermedad se declaró oficialmente erradicada, lo que la convirtió en la primera enfermedad animal y la segunda enfermedad infecciosa en ser eliminada de la historia.

Muchos virus infecciosos agudos proliferan en el hospital y en las instalaciones de las residencias de ancianos, lo que causa brotes de infecciones intrahospitalarias o nosocomiales. Aunque la prensa actual suele estar dominada por infecciones bacterianas muy sonadas, como el SARM (*Staphylococcus aureus* resistente a meticilina), la bacteria *Clostridium difficile* y la «bacteria comedora de carne» *Streptococcus pyogenes*, las infecciones nosocomiales por virus no trascienden y en realidad son una causa habitual de brotes lo bastante graves como para decidir el cierre de pabellones enteros.

Por desgracia, en los espacios cerrados de un ala hospitalaria, los pacientes son presas fáciles para los virus. Los virus que circulan por la comunidad causando infecciones latentes o leves resultan devastadores a veces en bebés prematuros, en pacientes debilitados por el cáncer o por otras enfermedades crónicas, las personas mayores y los individuos inmunodeprimidos. Muy a menudo el foco de la infección está en un paciente recién ingresado, pero no es infrecuente que el origen esté en alguien del personal sanitario que permanece asintomático y no es consciente en absoluto de estar propagando un virus que puede ser letal. Los norovirus, con su manifestación repentina de vómitos explosivos, son especialmente difíciles de controlar y, como el periodo de incubación de uno o dos días es demasiado corto para permitir la identificación del foco a tiempo de evitar una propagación secundaria, suelen dar lugar al cierre de áreas hospitalarias enteras.

En algunos casos los hospitales llegan a ser incluso los responsables de la amplificación de una infección al propagarla a la comunidad exterior al propio centro antes de que se detecte el problema. No hay duda de que esto fue lo que ocurrió con el SARS en Hong Kong cuando una persona que acudió de visita al hospital trasladó el virus a la urbanización privada Amoy Gardens de esa ciudad, donde infectó a más de 300 personas, de las cuales fallecieron 42. Asimismo, antes de que un brote de Ébola se reconozca como tal, la infección suele migrar desde el paciente hospitalizado hasta la comunidad exterior a través del personal sanitario o las personas que acuden de visita al centro.

Curiosamente en los últimos años el sarampión se ha convertido en un problema en el ámbito hospitalario. Dada la rareza de esta enfermedad en países con gran cobertura vacunal, los casos que surgen no se suelen diagnosticar hasta que aparece la erupción cutánea, y para entonces el paciente ya lo ha podido contagiar durante varios días. En la actualidad la mayoría de casos índice de sarampión en hospitales es importada, sobre todo por trabajadores no vacunados o por pacientes que han visitado países con una cobertura vacunal escasa o que proceden de ellos. Entonces es necesario recurrir a un aislamiento estricto para evitar la propagación del virus a personas con un sistema inmunitario débil, entre quienes la mortalidad por sarampión puede alcanzar el 50%.

El aumento del problema de las infecciones intrahospitalarias requiere ahora equipos de expertos en el control de infecciones en todos los hospitales para bloquear la transmisión. En el capítulo 7 veremos infecciones víricas que no se pueden evitar de este modo, puesto que el virus acompaña al individuo de por vida a la espera de aprovechar una bajada de las defensas para replicarse en el huésped y, con ello, extenderse a otros.

7

Virus persistentes

Los virus libran una batalla constante contra el sistema inmunitario del huésped, y la mayoría de ellos dispone de una ventana de oportunidad pequeña para reproducirse y lograr una salida precipitada antes de ser aniquilado por el formidable despliegue de defensas del organismo anfitrión. Pero algunos virus han desarrollado estrategias para sortear esos mecanismos inmunitarios y sobrevivir dentro del huésped durante periodos prolongados, incluso durante toda su vida. Aunque los detalles de estas estrategias de evasión son muy complejos y variados, en general consisten en tres maniobras básicas: encontrar un nicho en el que ocultarse del ataque inmunitario, manipular los procedimientos del sistema inmunitario para que beneficien al virus y burlar las defensas inmunitarias mutando con rapidez.

La mayor parte de los virus persistentes ha evolucionado para causar infecciones leves o incluso asintomáticas, puesto que una enfermedad que ponga en riesgo la vida del huésped no solo sería perjudicial para este, sino que también dejaría al virus sin alojamiento. De hecho, algunos virus no causan ningún efecto adverso aparente en absoluto y se han detectado por pura casualidad. Un ejemplo lo ofrece el VTT, un virus diminuto de ADN descubierto en 1997 mientras se buscaba la causa de la hepatitis y que debe su nombre a las iniciales (TT) del paciente con el que se aisló por primera vez. Ahora sabemos que el VTT y los minivirus de tipo VTT emparentados con él representan toda una clase de virus similares que portamos casi todas las personas, los primates no humanos y diversos vertebrados más, pero hasta la fecha actual no se han asociado a ninguna enfermedad. Con las técnicas modernas de alta sensibilidad para identificar virus no patógenos es de esperar que encontremos más polizones latentes de este tipo en el futuro.

La frecuencia con la que los virus logran persistir en sus huéspedes varía, y los herpesvirus casi siempre establecen una relación de por vida con el huésped que no suele depararle ningún daño. Los retrovirus también suelen causar infecciones que duran toda la vida, pero pueden provocar una enfermedad en quienes los contraen después de un periodo de latencia prolongado, como el VIH. Otros virus, como el de la hepatitis B, se afanan por eludir la respuesta inmunitaria, y muchos huéspedes consiguen deshacerse del virus al cabo del tiempo. Además, hay algunos virus que suelen eliminarse después de una infección primaria, pero que en ciertas ocasiones raras consiguen quedarse. El virus del sarampión, por ejemplo, persiste por razones que se desconocen tras la infección aguda más o menos en 1 de cada 10.000 casos y causa una enfermedad cerebral mortal llamada *panencefalitis esclerosante subaguda* (PEES).

La presencia de por vida de genes ajenos (virales) dentro de una célula huésped conduce en ocasiones a que un virus persistente desencadene un crecimiento descontrolado de la célula en la que está alojado, es decir, que se vuelva cancerosa. Entre estos se cuentan el virus linfotrópico humano de células T, el de la hepatitis B y C, el de Epstein-Barr, el virus asociado con el sarcoma de Kaposi y el del papiloma humano. Los mecanismos implicados en la evolución de estos cánceres se tratan en el capítulo 8.

La familia de los herpesvirus *(Herpesviridae)*

Los herpesvirus conforman una vieja familia cuyo ancestro común probablemente apareció durante el periodo Devónico, unos cuatrocientos millones de años atrás, cuando las criaturas piscícolas empezaron a salir de los mares para asentarse en tierra firme. Al hacerlo tuvieron que toparse con una serie de microbios «nuevos» de los cuales se cree que los virus primitivos de tipo fago fueron los ancestros de los herpesvirus actuales.

A partir de ese primer comienzo, los herpesvirus han coevolucionado con sus huéspedes, de forma que cada parte ha ejercido una presión selectiva en la otra hasta lograr adaptar bastante bien sus estilos de vida respectivos, lo que ha permitido que los virus proliferen a largo plazo, en general sin detrimento para los huéspedes. A medida que los huéspedes fueron divergiendo también lo hicieron los herpesvirus, de manera que ahora casi todas las especies de mamíferos, aves, reptiles, anfibios, peces y hasta algunos invertebrados cuentan con su popurrí particular de herpesvirus.

Hasta la fecha se han identificado más de 150 herpesvirus diferentes, y en todos los casos se trata de virus de ADN grandes y envueltos que codifican entre

80 y 150 proteínas. Son virus frágiles, incapaces de sobrevivir de manera independiente durante mucho tiempo, de modo que tienden a propagarse a través del contacto cercano entre huéspedes infectados y susceptibles.

Los herpesvirus instauran sin excepción una infección de por vida que suele denominarse *infección latente*. Los virus sobreviven en el interior de las células anfitrionas en un estado inactivo tras contener su producción de proteína y volverse invisibles para el sistema inmunitario del huésped. En ocasiones, a lo largo de la vida del huésped, esta infección latente se reactiva y produce nuevos virus. El desarrollo de esta estrategia a largo plazo asegura que la progenie del virus llegue a una población huésped joven y susceptible y, por tanto, garantiza su supervivencia.

Existen tres subfamilias de herpesvirus: alfa, beta y gamma, y sus miembros se clasifican de acuerdo con sus características biológicas, sobre todo con la clase de células en las que establecen la latencia. Hasta ahora se han descubierto ocho herpesvirus humanos denominados herpesvirus (HVH) 1 a 8 por orden de descubrimiento, pero que también reciben nombres «comunes» por los que son más conocidos (véase la tabla 1).

Los humanos heredamos estos virus de nuestros ancestros primates, de modo que cada uno de ellos tiene su equivalente entre los primates con el que mantiene un parentesco más cercano que con el resto de herpesvirus humanos. Como evolucionaron con nosotros, los herpesvirus infectan a todas las poblaciones humanas del mundo, hasta a los pueblos amerindios más aislados y recónditos.

Tabla 1. Primoinfección, prevalencia y lugar de latencia de los herpesvirus humanos

Nombre	Nombre común	Subfamilia	Síntomas clínicos primarios habituales	Prevalencia general en adultos* (%)	Lugar de latencia
HHV-1	Herpes simple tipo 1 (HSV-1)	Alfa	Herpes labial o calentura	> 60	Ganglios nerviosos
HHV-2	Herpes simple tipo 2 (HSV-2)	Alfa	Herpes genital	20	Ganglios nerviosos
HHV-3	Virus de la varicela-zóster (VVZ)	Alfa	Varicela	> 90	Ganglios nerviosos
HHV-4	Virus de Epstein-Barr (VEB)	Gama	Fiebre glandular	~ 90	Linfocitos B
HHV-5	Citomegalovirus (CMV)	Beta	Síndrome de mononucleosis	~ 50	Células madre de médula ósea
HHV-6	—	Beta		~ 90	Leucocitos
HHV-7	—	Beta	Roséola o exantema súbito	~ 90	Leucocitos
HHV-8	Herpesvirus asociado con el sarcoma de Kaposi (HVSK)	Gama		< 5	Linfocitos B

*For Western Europe = En Europa occidental

123

En general se da por hecho que en el pasado todos los herpesvirus humanos eran ubicuos, pero hoy su prevalencia varía y es posible que la jerarquía refleje su éxito para propagarse entre huéspedes en el mundo moderno. Los herpesvirus humanos pueden extenderse de diversas maneras: por transmisión directa de la madre al bebé a través de la leche materna (como el CMV) o contagiándose a todos los miembros de la misma familia y sus contactos cercanos a través de la saliva (HSV-1, CMV, VEB, HVH-6 y -7, HVSK). De estos virus, HVH-6 y -7 son los más exitosos, ya que contagian a casi toda la población humana mundial. La prevalencia del VEB, HSV-1 y CMV también es elevada, pero cada uno de estos ha experimentado una caída reciente en zonas donde los altos índices de higiene tienden a bloquear su transmisión. Curiosamente, los virus HSV-2 y HVSK tienen una prevalencia mucho más baja que el resto de herpesvirus humanos y exhiben una distribución geográfica más restringida que los sitúa sobre todo en ciertas zonas de África. Estos virus dependen de la transmisión a través de la saliva durante la infancia (HVSK) y/o de la transmisión sexual en adultos, y los científicos sospechan que son los más vulnerables a los últimos cambios culturales y de estilo de vida y, por tanto, su distribución mundial es la primera que experimentará una merma significativa.

Los herpesvirus humanos alfa HSV-1 y -2 son idénticos en un 85 % de su ADN, pero tradicionalmente el HSV-1 causa una calentura (herpes labial), mientras que el HSV-2 provoca herpes genital. Aunque esto siga siendo así en términos generales, lo cierto es que ambos virus pueden infectar la piel del rostro y de la zona genital, y una minoría creciente de casos de herpes genital se debe en la actualidad al HSV-1. Los HSV-1 y -2 acceden al organismo a través de un corte o abrasión y tienen como objetivo las células de la piel, donde se replican y matan las células infectadas mientras generan nuevos virus. Casi todas las primoinfecciones de HSV son latentes, pero a veces causan un sarpullido doloroso de ampollas minúsculas en la boca o alrededor de ella y en la zona genital. Como cada ampolla contiene miles de partículas virales, es fácil entender cómo se extiende el virus a otros individuos.

La infección de la piel con HSV no tarda en atraer células del sistema inmunitario, y las lesiones se curan con rapidez, pero, antes de que esto ocurra, algunas partículas virales ya habrán infectado de tapadillo terminaciones nerviosas de la piel y habrán trepado por las fibras nerviosas para acceder al núcleo de la célula, donde se establecerán en estado latente. El HSV de una infección facial (sobre todo HSV-1) se quedará latente en el ganglio del trigémino, en la base del cráneo, mientras que los virus que causan lesiones genitales (sobre todo HSV-2) se dirigen hacia los ganglios sacros, situados a lo largo de la columna vertebral inferior. Como las células nerviosas perduran durante toda la vida del huésped y no se dividen, son un lugar ideal para que un virus se esconda en ellas por un tiempo. Pero para asegurarse la supervivencia a largo plazo, el virus debe despertar y trasladarse en algún momento. De ahí que de vez en cuando genere nuevos virus que descienden por las fibras nerviosas y salen con la saliva o las secreciones genitales. Esta reactivación puede ser latente o manifiesta en forma de calentura (herpes labial) en la cara, normalmente en los labios o cerca de ellos, en alrededor del 40 % de las personas portadoras del virus HSV-1, y en forma de herpes genital en alrededor del 60% de quienes portan el virus HSV-2. Los desencadenantes de la reactivación del HSV en una persona portadora suelen ser bastante claros y reconocibles: una bajada de defensas debida al consumo de medicamentos o a alguna enfermedad, fiebre, incremento de los niveles de luz ultravioleta (normalmente provocados por una sesión de esquí), o a la menstruación y el estrés, pero se desconocen los mecanismos moleculares implicados.

La varicela ya se abordó en el capítulo 6 como infección aguda y muy común durante la infancia, pero, como se trata de un herpesvirus, el VVZ se establece como infección latente en casi todas las personas que infecta. Igual que los HSV, el VVZ se oculta en las células nerviosas, pero, como el sarpullido de la varicela se extiende por todo el cuerpo, el virus puede instalarse en los ganglios espinales relacionados con alguno o con todos los nervios que inervan la piel.

El VVZ puede reactivarse y causar herpes zóster (también llamado *culebrilla*) en cualquier momento de la vida, pero es más común que ocurra durante la vejez. La reactivación suele darse en una sola célula nerviosa, lo que causa la dolorosa erupción de culebrilla con ampollas minúsculas a lo largo de ese nervio particular. Como de estas lesiones cutáneas salen virus infecciosos, los individuos que nunca han tenido varicela pueden contagiarse de ella si entran en contacto con la persona que sufre el sarpullido. Sin embargo la culebrilla no se contrae ni a partir de casos de culebrilla ni a partir de casos de varicela, puesto que aparece como resultado de la reactivación de un virus interno que permanece latente.

Al igual que con los HSV, se desconocen los mecanismos moleculares implicados en la reactivación del

VVZ y también es un misterio por qué se da con más frecuencia en los nervios que van al ojo, el cuello y el tronco. Sin embargo, igual que en el caso de los HSV, la reactivación es más común en pacientes inmunodeprimidos, incluidos los que sufren VIH, quienes se han sometido a un trasplante de órgano o quienes reciben quimioterapia. En todos estos grupos pueden darse sarpullidos severos, extendidos y hasta mortales, pero varios agentes antivirales, incluido el aciclovir, logran efectos beneficiosos (véase el capítulo 9).

De los tres herpesvirus humanos beta que existen, el CMV es el único que causa problemas de salud relevantes. Aunque el virus infecta de forma latente a la mayoría de las personas, en ocasiones provoca una enfermedad parecida a la fiebre glandular en infecciones primarias. Pero lo más importante es que, si está en la sangre de mujeres embarazadas, en algunas ocasiones raras consigue atravesar la placenta e infectar al feto. Cuando esto ocurre causa la enfermedad de inclusión citomegálica en alrededor del 10 % de los niños afectados, lo que induce un conjunto amplio de síntomas que incluyen retraso en el crecimiento, sordera, alteraciones en la coagulación de la sangre, e inflamación del hígado, pulmones, corazón y cerebro.

El CMV establece la latencia en las células madre de la médula ósea que se transformarán en monocitos sanguíneos y macrófagos tisulares. Estas células transportan el virus latente a través de la sangre hasta los tejidos, donde por lo común se reactiva. En huéspedes sanos, el sistema inmunitario se encarga de él y no llega a causar enfermedad, pero la replicación del CMV produce una patología significativa en pacientes inmunodeprimidos y causó ceguera, diarreas severas, neumonía y encefalitis en mucha gente infectada de

VIH antes de que se desarrollaran antivirales eficaces a comienzos de la década de 1990.

Los dos herpesvirus humanos gamma, el VEB y el HVSK, son virus tumorales y, como tales, se abordarán en el capítulo 8. Sin embargo, aunque el HVSK no parece causar problemas en primoinfección, el VEB sí puede provocar fiebre glandular, también llamada *mononucleosis infecciosa.*

El VEB se contrae por lo común de forma latente durante la infancia, un patrón que probablemente fuera ubicuo en nuestros primeros ancestros. Pero, con la introducción de las prácticas higiénicas modernas en el mundo desarrollado, la infección se puede retrasar hasta la adolescencia o la primera edad adulta. En este caso causa fiebre glandular en alrededor de una cuarta parte de los casos. Sigue siendo prácticamente ubicuo como infección infantil en los países en vías de desarrollo y también es muy común en niveles socioeconómicos bajos en el mundo desarrollado. En estos casos es bastante común entre el alumnado de centros de enseñanza secundaria y en estudiantes universitarios, y un estudio de Reino Unido calcula que afecta a alrededor de 1 de cada 1.000 universitarios al año.

El VEB infecta y establece su latencia en las células B de la sangre y, tal vez porque estas mismas células forman parte del sistema inmunitario, la infección genera una respuesta exagerada de células T. De hecho, los síntomas de la fiebre glandular, que suelen incluir dolor de garganta, fiebre, inflamación de los ganglios del cuello y fatiga, son inmunopatológicos por naturaleza, y están causados por esa afluencia masiva de células T en lugar de ser una consecuencia directa de la infección vírica. Aunque la enfermedad suele resolverse en unos diez o catorce días, el agota-

miento puede persistir hasta seis meses, y a veces tras-
torna enormemente la forma de vida del paciente.

En raras ocasiones, el VEB causa tumores (véase el
capítulo 8) y también se ha propuesto como causante
de otras enfermedades diversas, en especial de enfermedades autoinmunitarias como la artritis reumatoi-
de y la esclerosis múltiple (véase el capítulo 10).

La familia de los retrovirus *(Retroviridae)*

Los retrovirus infectan un gran rango de especies
animales y a menudo actúan como pasajero latente,
si bien en ocasiones causan inmunodeficiencia, leucemia o tumores sólidos. Hay varios retrovirus que generan inmunodeficiencia en humanos, y todos ellos han
sido adquiridos por primates.

Los VIH del ser humano incluyen no solo el grupo
M del VIH-1, la cepa pandémica del VIH/sida, sino
también las cepas N, O y P del VIH-1 y el VIH-2. Ahora
sabemos que todos estos virus pasaron de los primates
al ser humano en tiempos recientes en África central,
y es probable que estas transferencias hayan ocurrido
de tanto en tanto a lo largo de nuestra historia, pero
que no reparáramos en ellas porque no se extendie-
ron más allá de las zonas aledañas. Fue el caso único
de la propagación del grupo M del VIH-1 desde África
a Haití y de allí a EE. UU. en la década de 1960 lo que
provocó la primera descripción del sida en 1980 y el
aislamiento del virus en 1983.

El VIH-2, descubierto en 1986, solo es idéntico al
VIH-1 en un 40 % y tiene un origen bastante distinto,
ya que lo adquirimos del mono catarrino mangabey
gris del oeste de África. Aunque este virus se propaga

del mismo modo, infecta el mismo tipo de células que el VIH-1 y causa sida, es menos infeccioso que el VIH-1 y se ha quedado localizado en África occidental.

Como el ser humano no adquirió el VIH-1 hasta tiempos recientes, no hemos desarrollado resistencia genética al virus, de ahí que todas las infecciones sin tratar acaben en muerte por sida. Solo unos pocos individuos afortunados son resistentes a la infección, y el mecanismo necesario para ello se trata en el capítulo 3. Otros aspectos del VIH-1 también se han comentado con anterioridad: la biología de los retrovirus y el empleo del receptor del VIH en el capítulo 1, y el origen del VIH en el chimpancé, el momento en que pasó al ser humano, su propagación ulterior y su descubrimiento final en el capítulo 4. En el presente capítulo nos centraremos en las consecuencias de la infección con VIH-1 y la patogénesis del sida.

Aunque el sida se describió por primera vez en hombres homosexuales y poco después se descubrió que estaban en riesgo consumidores de drogas inyectadas y personas hemofílicas, el virus a escala mundial se transmite sobre todo por la vía sexual entre personas heterosexuales. El virus ha invadido prácticamente todos los países del mundo y ha tenido una incidencia abrumadora en países en vías de desarrollo; en el África subsahariana viven unos veinticinco millones de personas con VIH. Pero estas cifras alarmantes ni tan siquiera dejan entrever la tragedia de los países africanos más afectados, donde la esperanza de vida se desplomó por debajo de cuarenta años por el fallecimiento en masa de adultos previamente sanos y productivos, lo que trajo como consecuencia una crisis económica, una pobreza severa y en torno a quince millones de huérfanos por sida.

El VIH infecta células que portan el marcador CD4, sobre todo las células T colaboradoras y macrófagos tisulares. La infección vírica se produce por contacto con la sangre o las secreciones genitales de un portador, por lo común a través de un desgarro o fisura en el revestimiento epitelial del tracto genital. Al entrar, el virus busca en un primer momento las células de Langerhans, la subclase de macrófagos que patrulla la piel y las superficies epiteliales, incluido el revestimiento del tracto genital. Estas células transportan entonces el virus a las glándulas linfáticas locales, donde se congregan literalmente millones de células T CD4 mientras se toman un descanso en su desplazamiento por el torrente sanguíneo. La infección de estas células longevas no solo disemina el virus por todo el organismo, sino que también le brinda un lugar en el que permanecer mientras el genoma del virus se integra en su ADN.

La evolución clínica de la infección por VIH se divide de forma natural en tres fases: la fase aguda, la asintomática y las fases sintomáticas, las cuales se manifiestan como sida (figura 14). Las personas infectadas por VIH suelen experimentar una enfermedad primaria conocida como síndrome retroviral agudo entre una y seis semanas después de la infección. Se trata de una enfermedad muy poco específica que cursa con fiebre, dolor de garganta, inflamación de ganglios, erupción cutánea y dolores y molestias generales, y suele durar hasta catorce días seguidos por una recuperación total.

En un principio el virus se multiplica libremente en las células T CD4 y destruye más de treinta millones de ellas al día. Los niveles del virus en la sangre (lo que se denomina *carga viral*) aumentan hasta alcanzar un pico máximo en las primeras semanas, tras las cuales se activa la respuesta inmunitaria que controla el virus, aunque no lo elimina por completo. La carga viral desciende entonces y, por lo común, al cabo de seis meses se habrá estabilizado en un nivel de «punto de ajuste» cuyo valor dependerá de la intensidad de la respuesta inmunitaria y será crucial para predecir la evolución futura de la enfermedad; cuanto más alto sea el punto de ajuste, más rápida será la progresión hacia el sida.

En las personas no tratadas, la fase asintomática de la infección por VIH dura entre seis y quince años dependiendo del punto de ajuste viral y, aunque los portadores suelen encontrarse bien durante esta fase, el VIH sigue batallando contra el sistema inmunitario del huésped y causando daños acumulativos. Al principio el genoma del VIH en las células infectadas es bastante uniforme, pero a medida que se replica arroja cada vez más mutaciones, algunas de las cuales consiguen eludir la respuesta inmunitaria. Mientras prosperan las mutaciones se despliega una carrera armamentística entre las células T y anticuerpos del sistema inmunitario, por un lado, y una serie de mutaciones del virus que esquivan esas defensas, por el otro. Las células T CD4 son esenciales para la evolución continua de la respuesta inmunitaria, pero el VIH se replica en estas células y las destruye a un ritmo que el organismo no es capaz de seguir. Con el tiempo, la línea de producción de células CD4 se detiene, y su número desciende. Sin fármacos antivirales para controlar la replicación del virus se acaba agotando la capacidad del cuerpo para reponer células CD4, de tal modo que el nivel desciende por debajo del umbral crítico de 200 células CD4 por mililitro de sangre, lo que anula

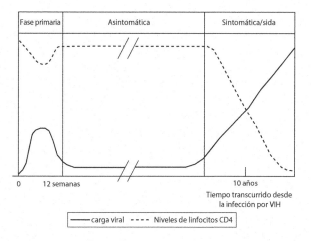

Fase primaria	Asintomática	Sintomática/sida

0   12 semanas   10 años

Tiempo transcurrido desde
la infección por VIH

———— carga viral - - - - Niveles de linfocitos CD4

14. Niveles de CD4 y de carga viral durante las fases aguda, asintomática y sintomática de la infección por VIH.

las defensas frente a otros patógenos que aprovechan la oportunidad para invadir el organismo.

Entre los signos de debilitamiento del sistema inmunitario y de la llegada inminente de la fase sintomática de la infección por VIH, el sida, se cuentan a menudo la pérdida de peso, sudores nocturnos, infecciones respiratorias, lesiones cutáneas, como verrugas, y úlceras e infecciones orales, como aftas y herpes labiales. A estos les sigue el ataque implacable de una plétora de infecciones oportunistas que incluyen la reactivación de microbios persistentes como el citomegalovirus (CMV), el herpesvirus (HSV), el virus de la varicela-zóster (VVZ) y la tuberculosis (TB), así como tumores causados por el virus del papiloma humano (VPH), el virus asociado con el sarcoma de Kaposi (HVSK) y el virus de Epstein-Barr (VEB). Una de las características del sida es la infección con microbios

133

que no suponen ningún problema para las personas con un sistema inmunitario sano, por ejemplo, la neumonía causada por la tuberculosis aviar o por el hongo *Pneumocystis jirovecii* (antiguamente conocido como *P. carinii*); este último fue clave para el reconocimiento del sida como enfermedad nueva en 1980.

Las manifestaciones del sistema nervioso central también son habituales con el sida, porque el VIH invade el cerebro durante una fase temprana de la enfermedad, donde infecta y mata células y causa alteraciones degenerativas progresivas que conducen a encefalopatías y demencia asociadas al sida. Además, el citomegalovirus y otro virus muy habitual, persistente y por lo común asintomático llamado JC (por las iniciales del paciente con el que se aisló por primera vez) pueden causar enfermedades cerebrales degenerativas progresivas en los pacientes con sida.

La muerte por alguna de estas infecciones es inevitable y a menudo se produce en cuestión de meses. Por suerte, la terapia actual con antirretrovirales ha transformado este panorama desolador de la infección por VIH en una enfermedad crónica que se puede tratar, aunque no sin problemas. Solo alrededor de la mitad de las personas infectadas con VIH en el mundo tiene acceso a estos fármacos salvavidas que se relacionan en el capítulo 9.

Virus de la hepatitis

La hepatitis, que significa inflamación del hígado, puede estar causada por diversos virus, así como por sustancias tóxicas, como el alcohol o el fármaco paracetamol. El hígado es un órgano enorme con una gran capacidad excedentaria, así que una pequeña inflamación suele pasar desapercibida. El principal signo de un daño más severo es la coloración amarillenta de la piel que se conoce como *ictericia* y que suele notarse más en el blanco de los ojos.

Hay varios virus, incluidos el VEB y el HSV, capaces de causar hepatitis como parte de una infección generalizada, pero para otros el hígado es su lugar principal de replicación, lo que los engloba en la categoría de «virus de la hepatitis» aunque pertenezcan a familias virales bastante diferentes. Hasta ahora se han descubierto cinco virus humanos de la hepatitis que se conocen como A, B, C, D y E. Salvo en el caso del virus de la hepatitis D (VHD), todos ellos causan infecciones latentes o producen hepatitis clínicas cuya gravedad varía entre la moderada, la autolimitante y la fulminante (es decir, un fallo hepático grave que suele ser mortal a menos que se pueda realizar un trasplante de hígado como actuación de emergencia).

Los virus de la hepatitis A y E se propagan a través de la ruta fecal-oral y causan epidemias de «ictericia infecciosa». En los lugares con niveles de higiene bajos la mayoría de los niños se infecta a una edad temprana. Aunque la enfermedad puede ser larga, lo habitual es recuperarse de ella y que el virus no persista con posterioridad. En cambio, los virus de la hepatitis B y C pueden persistir después de la infección primaria, y pueden derivar en hepatitis crónica, cirrosis y cáncer de hígado. El virus de la hepatitis D (VHD), también conocido como *virus delta*, es único entre los virus humanos en tanto que es defectuoso y necesita la ayuda del virus de la hepatitis B (VHB) para su transmisión. En concreto, las partículas del VHD consisten en un genoma de ARN rodeado por su propia proteína, pero envuelto en el antígeno de superficie del VHB, que actúa como su receptor para entrar y salir de las células hepáticas. De modo que este virus solo puede replicarse en células que ya estén infectadas con el virus de la hepatitis B (VHB) y estén fabricando el antígeno de superficie del VHB. El VHD puede transmitirse junto con el VHB o puede infectar a una persona portadora del VHB, y en ambos casos tiende a empeorar la infección aumentado el daño hepático y acelerando la aparición de la enfermedad hepática crónica.

El virus de la hepatitis C se propaga sobre todo por contaminación sanguínea. Una vez que los análisis rutinarios de la sangre donada excluyeron la mayoría de las unidades infectadas con VHB en la década de 1970, el VHC se convirtió en la causa más común de hepatitis vírica después de una transfusión de sangre. Pero tras su descubrimiento en 1989 se empezó a analizar la sangre y otros productos derivados en busca del VHC, y la ruta más habitual de transmisión pasó a ser el uso de jeringuillas compartidas por parte de consumidores de drogas intravenosas. En torno al 10 % de las madres portadoras transmite el virus al recién nacido, pero se cree que la convivencia familiar y las relaciones sexuales no suponen ningún riesgo.

El virus de la hepatitis C (VHC) afecta en la actualidad a unos 170 millones de personas. La infección se produce en todas las partes del mundo, pero exhibe una variación geográfica acusada. Así, en EE. UU., Europa del norte y Australia está infectado entre el 1 y el 2 % de la población, mientras que el índice aumenta hasta el 5 % en Europa del sur y central, Japón y ciertas zonas de Oriente Medio (figura 15). Los niveles más altos, de alrededor del 20 %, se registran en Egipto, donde un programa para tratar la enfermedad parasitaria *esquistosomiasis* durante la década de 1960 propagó el virus involuntariamente debido al empleo de agujas sin esterilizar.

Solo en torno a la cuarta parte de las personas que sufren infección primaria por VHC desarrolla hepatitis con síntomas, pero sea sintomática o no, alrededor del 80 % de los casos graves de VHC evoluciona a una fase crónica.

El VHC tiene muchas maneras de esquivar el sistema inmunitario del organismo. Como se trata de un virus de ARN, al igual que el VIH, el VHC muta con rapidez, y esto, unido a su tasa de replicación extremadamente alta, da lugar a todo un despliegue de variantes genéticas menores, denominadas *cuasiespecies*, en un solo individuo. Algunas de estas variantes consiguen eludir las células T y los anticuerpos que genera el sistema inmunitario específicamente para combatir el virus, y estos mutantes proliferan entonces hasta que la respuesta inmunitaria consigue someterlos. Entonces pasará a imponerse otra variante viral, y esta evolución impulsada por el propio sistema inmunitario seguirá burlando el sistema inmunitario anfitrión hasta el infinito.

El VHC también elude las defensas del huésped bloqueando los mecanismos antivirales en el interior de las células infectadas, lo que impide la producción de citocinas como los interferones, que en caso contrario podrían detener su expansión por el hígado. El virus también induce células T reguladoras que paradójicamente frenan la respuesta inmunitaria contra el VHC.

No está claro si el daño hepático que causa la infección por VHC se debe directamente a la replicación del virus en las células hepáticas o si se debe a la inmunopatología, pero sea cual sea el mecanismo, hay signos de daño hepático en curso en todos los portadores crónicos de VHC, muchos de los cuales desconocen estar infectados, lo que deriva en hepatitis crónica activa y/o cirrosis hasta en un 70 % de los casos.

No existe vacuna para evitar la infección por VHC y, como en la actualidad está infectado el 3 % de la población mundial, esta es la causa más común hoy en día de fallo hepático y de prescripción de trasplante de hígado en el mundo occidental. La infección crónica por VHC también se asocia al desarrollo del cáncer de hígado (véase el capítulo 8) y, en aquellos países donde ha descendido la prevalencia del VHB debido al análisis de la sangre donada y, en tiempos más recientes, a los programas de vacunación, el VHC se ha convertido ahora en el principal factor de riesgo para este tumor.

El virus de la hepatitis B (VHB) se descubrió por casualidad en 1964 en la sangre de un aborigen australiano y se ha revelado como la causa principal de hepatitis asociada a transfusiones sanguíneas. Se trata de un virus extremadamente infeccioso, y los portadores tienen una carga viral elevada en la sangre y otros fluidos corporales. Se propaga por contacto cercano, sobre todo a través de relaciones sexuales, por transmisión de madre a hijo, por contaminación con sangre de instrumental médico, tornos dentales y agujas empleadas para inyecciones, así como a través de artículos de higiene personal, como cuchillas o cepillos de dientes, o al someterse a la realización de tatuajes, *piercing* o acupuntura. Los consumidores de drogas por vía intravenosa y los hombres homosexuales están especialmente expuestos a la infección.

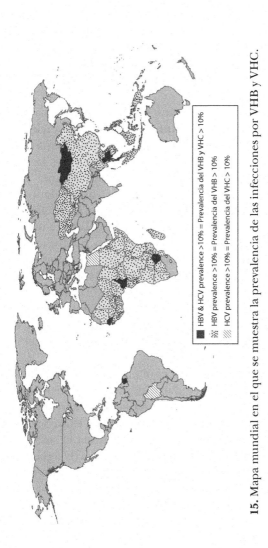

15. Mapa mundial en el que se muestra la prevalencia de las infecciones por VHB y VHC.

HBV & HCV prevalence >10% = Prevalencia del VHB y VHC > 10%
HBV prevalence >10% = Prevalencia del VHB > 10%
HCV prevalence >10% = Prevalencia del VHC > 10%

Unos 350 millones de personas en todo el mundo son portadoras del VHB y hay muchas más con signos de haber estado infectadas en el pasado. La prevalencia del virus varía de un lugar a otro, y el sudeste asiático y el África subsahariana presentan los índices más elevados (figura 15).

Al igual que otras infecciones por virus causantes de hepatitis, la primoinfección con VHB suele ser latente, y la mayoría de la población adulta sana se libra del virus en unos seis meses. Solo entre el 1 y el 5 % de los casos en adultos se tradujo en una persistencia de por vida, y esta puede causar daño hepático, cirrosis y/o cáncer en la vejez. Las infecciones más persistentes resultan de una infección a una edad temprana, en especial cuando una madre infectada con el virus lo transmite a su hijo en el momento del nacimiento. Dada la inmadurez del sistema inmunitario, más del 90 % de estos casos perinatales desarrolla persistencia, a menos que reciba tratamiento inmediato al nacer. Con más de diez millones de copias de ADN por mililitro de sangre, es habitual que el virus se propague a otros niños.

Los índices de infección por VHB se desplomaron tras los análisis regulares de sangre y otros productos derivados, y la vacuna que se introdujo en 1982 ha conseguido romper el ciclo de propagación de madres a hijos en países donde esta constituía la ruta principal de transmisión. Sin embargo, el VHB sigue siendo un gran problema a escala mundial porque muchos portadores no saben que están infectados hasta que desarrollan consecuencias fatales. Ahora que existen medios eficaces para controlar la infección con fármacos antivirales (véase el capítulo 9), tendría sentido examinar todos los grupos de riesgo. Esto permitiría la identificación y el tratamiento tempranos de las personas portadoras, así como la prevención mediante el uso de vacunas entre la población no infectada.

Los virus persistentes son parásitos bien adaptados cuyo estilo de vida mantiene un equilibrio complejo con su huésped. La mayoría constituye una presencia benigna de por vida en la persona portadora, pero en unos pocos casos el equilibrio se altera y sobreviene la enfermedad, lo que incluye el cáncer. En el capítulo 8 analizaremos los mecanismos que subyacen al desarrollo de cáncer asociado a un virus.

8
Virus tumorales

La historia de la virología tumoral comenzó en 1908 cuando los dos científicos daneses Wilhelm Ellermann y Oluf Bang consiguieron transmitir la leucemia de las aves domésticas de un pollo infectado a un ave sana inyectándole un extracto filtrado de células leucémicas. La importancia de este experimento no se valoró en su totalidad en aquel momento porque por entonces la leucemia no se consideraba una enfermedad maligna. Hubo que esperar a que el científico estadounidense Peyton Rous transmitiera a pollos sanos un tumor sólido de pollos con tumores en 1911 para que estos descubrimientos hallaran repercusión. Ambos experimentos indicaban que algún tipo de «agente filtrable» estaba implicado en el desarrollo de tumores, aunque fueran anteriores a la identificación y caracterización de los virus. Esta falta de conocimientos y el hecho de que los tumores no se comporten en general como una enfermedad infecciosa favorecieron la lentitud de la comunidad científica para reparar en la relevancia de estos estudios. Tanto es así que Rous tuvo que esperar más de cincuenta años a que lo galardonaran con el premio Nobel por su trabajo en lo que acabó conociéndose como el *virus del sarcoma de Rous*.

A lo largo de los años intermedios otros precursores de la virología tumoral empezaron a desentrañar los complejos mecanismos moleculares implicados en el desarrollo de tumores. A través de la combinación de variedades de animales de laboratorio susceptibles al desarrollo de tumores y de técnicas para cultivar células, identificaron genes virales específicos capaces de convertir o de transformar células normales en células tumorales en un plato de cultivo y, también, de inducirlas a formar tumores en animales de laboratorio. Estos genes se denominan *oncogenes virales*, y conocer las diversas formas en que transforman las células ha sido decisivo para descubrir los mecanismos moleculares implicados en el desarrollo del cáncer en general. Además, y esto fue determinante, el descubrimiento en la década de 1980 de que los oncogenes virales tienen equivalentes en el genoma celular normal (llamados *protooncogenes*) condujo al discernimiento de que, en algún momento del pasado distante, estos virus tumorales tuvieron que tomar, o transducir, sus oncogenes de las células que infectan.

Los tumores se desarrollan cuando una célula de un organismo se libera de algún modo de las restricciones habituales que regulan su crecimiento y empieza a replicarse sin control. Esta célula produce entonces gran cantidad de células similares a ella que forman un tumor (o cáncer) que invade los tejidos circundantes y puede extenderse más allá de su ubicación original.

Las células sanas están sujetas a numerosas comprobaciones y contrapesos químicos complejos que garantizan que crezcan y se dividan, envejezcan y mueran únicamente cuando deben. Por tanto, no es de extrañar que el desarrollo de una célula cancerígena implique mutaciones que alteran el funcionamiento de los genes que regulan estos controles celulares esenciales. De modo que tanto el aumento de la actividad de genes que impulsan la proliferación celular (denominados *oncogenes* y que incluyen los protooncogenes adoptados por algunos virus tumorales) como la disminución del funcionamiento de genes que inhiben la división celular o inducen la muerte celular (denominados *genes supresores de tumores*) tendrán el efecto de liberar la célula de sus limitaciones habituales y de favorecer su proliferación descontrolada.

Una de cada tres personas desarrolla un cáncer en algún momento de su vida, lo que arroja una cantidad cercana a once millones de casos nuevos y más de seis millones de muertes cada año en todo el mundo. La mayoría de ellos tiene una causa desconocida, aunque existen algunas asociaciones bien conocidas a factores ambientales. Ejemplos de ello son que el tabaquismo predispone al desarrollo de cáncer de pulmón, que la exposición a radiación solar intensa va unida al cáncer de piel, y que la inhalación de amianto causa un tumor llamado *mesotelioma* en las células que revisten los pulmones. Sin embargo, la aparición del cáncer no es un proceso abrupto resultante de un solo suceso celular, sino un largo viaje durante el cual la célula va atravesando una serie de «traumas» que inducen mutaciones y que con el tiempo la acaban convirtiendo en cancerosa. Uno de esos traumas podría ser la exposición al tabaco, a radiación ultravioleta o al amianto. Tras la secuenciación completa del genoma humano, los científicos han enumerado las mutaciones en las células cancerosas y han descubierto que, literalmente, son miles. Uno de los traumas celulares inductores del cáncer puede consistir en infectarse con un virus, pero, como se necesitan muchos más para producir una célula cancerosa, el desarrollo de un tumor suele ser un resultado infrecuente y tardío de la infección con un virus tumoral.

Virus tumorales humanos

Es muy difícil encontrar una prueba irrefutable de un agente viral como causante de un cáncer humano, o incluso establecer unos criterios que deban darse para sostener la asociación, ya que cada virus utiliza un mecanismo diferente, y el desarrollo de un tumor suele implicar otros factores con sus propias características particulares. Sin embargo, en general, deberían emplearse los siguientes criterios:

- La distribución geográfica del virus coincide con la del tumor.
- La incidencia de la infección vírica es mayor en sujetos con tumores que en personas sanas.
- La infección vírica precede al desarrollo del tumor.
- La incidencia del tumor desciende con la prevención de la infección vírica.
- La incidencia del tumor aumenta en personas inmunodeprimidas.

Para un virus tumoral sospechoso:

- El genoma viral está presente en el tumor, pero no en las células normales.
- El virus es capaz de transformar células en un medio de cultivo.

- El virus es capaz de inducir tumores en animales experimentales.

A escala mundial, entre el 10 y el 20 % de los cánceres humanos están vinculados a virus, incluidos algunos tumores habituales, como el cáncer de cuello de útero en mujeres y el cáncer de hígado, que es más común en hombres. Hasta ahora todos los oncovirus humanos descubiertos son virus persistentes que consiguen eludir el ataque del sistema inmunitario del huésped y se quedan en el organismo durante mucho tiempo. Esta es una postura bastante cómoda para un virus, y es difícil saber por qué habría de desarrollar propiedades tumorigénicas, si acabar con la vida del huésped no es beneficioso para su supervivencia. Pero, ahora que se conocen, al menos en parte, los mecanismos implicados en la oncogénesis viral, está claro que la transformación celular suele deberse al mal uso de funciones vitales para la supervivencia del virus y que suele implicar una serie de factores adicionales. Las excepciones a esta regla las encontramos en los miembros oncogénicos de la familia de retrovirus cuyos oncogenes actúan directamente para transformar la célula.

Retrovirus oncogénicos

Aunque casi todos los virus tumorales humanos que se conocen hoy en día son virus de ADN persistentes, los primeros virus tumorales animales que se descubrieron, incluido el virus del sarcoma de Rous, eran principalmente retrovirus de ARN. Una característica única de estos virus es que, cuando infectan una célula, producen una copia en ADN de su genoma de ARN, un provirus, que se inserta en el genoma celular y después se replica junto con el ADN celular (véase el capítulo 1). Esta singular hazaña no solo protege el virus del ataque del sistema inmunitario y garantiza su supervivencia durante toda la vida de la célula, sino que también tiene el potencial de reprogramar la expresión genética de la propia célula, lo que incluye los mecanismos de control para su crecimiento.

El único retrovirus oncogénico humano identificado hasta la fecha es el virus linfotrópico humano de células T, que pertenece a un grupo de retrovirus grandes que también incluye los virus de la leucemia bovina y de simios. Estos tres virus no contienen genes transducidos de sus huéspedes, pero tienen una región en el genoma denominada *pX* que porta genes con diversas funciones, entre ellas la transformación de la célula. Sin embargo, es muy raro que alguno de los tres cause tumores y, en caso de hacerlo, solo muchos años después de la infección inicial. Esto sugiere que la infección no basta por sí sola y que algunas mutaciones celulares aún desconocidas tienen que ser esenciales para la progresión tumoral.

Virus linfotrópico humano de células T (HTLV-1)

El HTLV-1 infecta a unos veinte millones de personas en distintas áreas geográficas de todo el mundo. Por fortuna, solo un pequeño porcentaje de estos portadores desarrolla enfermedades relacionadas con el virus, por lo común después de un periodo de latencia que dura varias décadas. Estas enfermedades incluyen la leucemia de células T del adulto y la paraparesia espástica tropical, también llamada *mielopatía* asociada al HTLV-1. Esta última es una enfermedad neurológica crónica que causa una discapacidad progresiva a lo largo de décadas que en más de la mitad de los casos acaba inmovilizando a quien la padece.

El HTLV-1 se aisló por primera vez en 1980 gracias a Robert Gallo y su equipo en Baltimore, EE. UU., durante una búsqueda intensiva de retrovirus tumorales humanos. Estos científicos utilizaron el factor de crecimiento de las células T que se había identificado hacía poco, denominado *interleucina-2*, para desarrollar por primera vez células T leucémicas en cultivos, y lo combinaron con experimentos nuevos que involucraban la transcriptasa inversa, la enzima que se produce con la replicación de retrovirus. Descubrieron que un cultivo de las células leucémicas de un solo paciente producía transcriptasa inversa y con el tiempo lograron aislar el HTLV-1 a partir de las células de este paciente. Varios años antes, Kiyoshi Takatsuki y sus colaboradores en Kumamoto, Japón, habían descrito una enfermedad recién detectada denominada *leucemia de células T del adulto* (también conocida por sus siglas en inglés, ATL) con una concentración especial de casos en el sudoeste del país, un hecho que inducía a pensar en una causa ambiental o infecciosa. En 1981 estos científicos aislaron un retrovirus a partir de células cultivadas de ATL que resultó ser idéntico al HTLV-1.

Aparte de Japón, donde alrededor de 1,2 millones de personas están infectadas con el HTLV-1 y cuya incidencia llega al 15 % en la región sudoccidental, otras zonas con índices elevados de HTLV-1 son el África subsahariana, el Caribe y algunos focos de América del Sur, Oriente Medio y Melanesia (véase la figura 16).

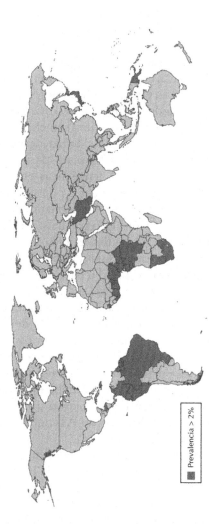

16. Mapa del mundo que ilustra la prevalencia de la infección por HTLV-1.

Prevalencia > 2%

Nadie sabe exactamente cómo llegó el virus a poblaciones tan dispares. Estudios moleculares recientes revelan que los parientes más cercanos del HTLV-1 se cuentan entre los retrovirus de simios que portan varias especies de monos del Viejo Mundo en África y Asia, y encuentran indicios de varias transmisiones pretéritas de esos animales a humanos. Los virus que proliferaran en el nuevo huésped serían diseminados por migraciones de humanos antiguos. Se cree que una cepa llegó a Japón en algún momento antes del año 300 a.C., cuando una invasión desde Asia continental desplazó la población autóctona hacia el norte y el sudoeste. Estas son las zonas donde se halla la mayor incidencia en la actualidad. Es probable que otra cepa aparecida en África llegara al Caribe a través del comercio esclavista y que desde ahí se desplazara a América del Sur.

En un primer momento el HTLV-1 infecta las células T de la sangre y tiene tres rutas principales de propagación: de madre a hijo, la transmisión sexual y el contacto sanguíneo, incluidas las transfusiones de sangre y los productos sanguíneos celulares, así como las jeringuillas compartidas por consumidores de drogas intravenosas. En Japón la transmisión de madres a hijos constituye la ruta más común, sobre todo a través del amamantamiento con leche materna, ya que se infectó el 25 % de los bebés con madres portadoras del virus.

El HTLV-1 persiste en las células T de la sangre de por vida, pero la infección suele ser inocua. Sin embargo, entre el 2 y el 6 % de los casos degenera en ATL o linfoma, y ambas patologías suelen ser agresivas, difíciles de tratar y acabar con rapidez en muerte. La ATL es una enfermedad de adultos, pero casi todos los pacientes que la padecen adquirieron el virus de sus madres durante la infancia, lo que indica que la enfermedad necesita un periodo largo de incubación. Esto apunta a que la infección con HTLV-1 solo es uno más de una serie de sucesos celulares que conducen hasta la leucemia de células T del adulto (ATL). A través de estudios se ha identificado que el gen tax del HTLV-1 es el principal gen transformador. Este gen codifica la proteína tax, que se encarga de multitud de funciones, incluido el estímulo de la proliferación celular, lo que reduce la muerte celular e incrementa la replicación del virus. Una función especialmente importante es la producción de un ciclo de crecimiento autoestimulado que induce a la célula a generar el factor de crecimiento de las células T, la interleucina-2. Al mismo tiempo, regula al alza la expresión en la superficie celular del receptor de las moléculas que inducen el crecimiento de las células T. Todas estas funciones potencian la supervivencia del virus mediante el aumento del número de células infectadas en el organismo y, también, incrementan la posibilidad de que se produzcan mutaciones aleatorias en las células infectadas.

No existe ningún tratamiento especialmente eficaz para la ATL, y ninguna vacuna contra el HTLV-1 que pueda evitar la infección. Sin embargo, la mayoría de países analiza por sistema la sangre para transfusiones en busca de HTLV-1 con el fin de bloquear esta vía de propagación. Además, la mayoría de los contagios de madre a hijo se puede prevenir mediante un análisis previo al nacimiento para avisar a las madres portadoras del virus de que no amamanten a sus hijos. Estas pruebas ya se realizan en Japón, pero sus efectos sobre la incidencia de la ATL no se notarán hasta dentro de varias décadas.

Los herpesvirus

De los ocho herpesvirus humanos conocidos, dos son oncogénicos: el virus de Epstein-Barr (VEB) y el herpesvirus asociado con el sarcoma de Kaposi (HVSK). Ambos se propagan por contacto cercano, sobre todo a través de la saliva durante la infancia y, en adultos, el HVSK también sigue la ruta sexual, sobre todo entre parejas homosexuales de hombres. Estos dos virus establecen latencia en las células B de la sangre. El VEB también se replica en las células epiteliales que revisten las superficies mucosas, y el HVSK, en las células endoteliales que recubren los vasos sanguíneos.

Comparados con otros virus, los herpesvirus son grandes, codifican entre 80 y 150 genes, y tanto el VEB como el HVSK cuentan con un conjunto propio de genes latentes que inducen la proliferación celular. Se cree que la expresión de estos genes ayuda al virus a instaurar una infección persistente en el cuerpo. Algunos de los genes latentes son oncogenes virales, pero en lugar de ser oncogenes transducidos del genoma del huésped como en el caso de los retrovirus, estos son genes específicos y únicos del virus. Tanto el VEB como el HVSK causan tumores restringidos a determinados lugares geográficos, lo que sugiere la intervención de otros factores locales. Las personas inmunodeprimidas también corren el riesgo de sufrir tumores provocados por estos virus porque son incapaces de controlar la infección viral latente. El VEB se descubrió en 1964 después de que el virólogo Anthony Epstein, afincado en Londres, dedicara dos años a buscar un virus en muestras de biopsias del linfoma de Burkitt (LB). Este linfoma, el tumor más común durante la infancia en África central, fue

153

descrito por primera vez por el cirujano británico Denis Burkitt en 1958 mientras trabajaba en Uganda. El tumor, formado por células B, afecta sobre todo a niños de edades comprendidas entre los siete y los catorce años y es más común en varones. Su presentación clínica es llamativa, con inflamaciones veloces casi siempre en torno a la mandíbula, y conduce a la muerte con rapidez si no se trata. Burkitt cartografió la geografía del tumor en zonas someras de África ecuatorial, donde las precipitaciones de lluvia superan los 55 cm al año y las temperaturas no bajan de 16 ºC (figura 17). Debido a esta fuerte restricción geográfica, Epstein propuso una causa infecciosa para el tumor y emprendió su búsqueda. Él y su alumna de posgrado Yvonne Barr acabaron aislando el nuevo herpesvirus, que ahora lleva el nombre de ambos a partir de cultivos de células de LB. Pero pronto se vio que este virus era ubicuo, lo que dificultó demostrar que fuera el causante de un tumor restringido a la infancia de África central.

Ahora sabemos que el LB también es común en zonas costeras de Papúa Nueva Guinea y que alrededor del 97 % de todos los tumores de LB tropicales contiene el VEB. El LB también se da con baja incidencia en regiones templadas, donde solo en torno al 25 % de los tumores está asociado al VEB. Es extraño, pero los oncogenes virales no se expresan en las células LB, así que no está claro cómo interviene el virus en la transformación celular. Sin embargo, existe una anomalía genética celular que sí está presente en todas las células tumorales LB, estén asociadas o no al VEB. Esto implica una translocación cromosómica que desplaza un oncogén celular llamado *c-myc* del lugar que le corresponde en el cromosoma 8 a otra ubicación.

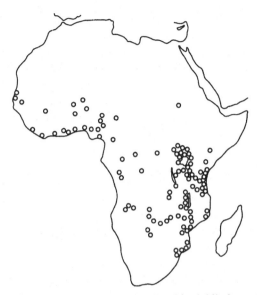

17. Mapa de Burkitt con la distribución del linfoma de Burkitt en África.

Esto desregula el oncogén y causa una proliferación celular descontrolada, lo que constituye un paso claro e importante para el desarrollo tumoral.

Las condiciones climáticas locales para el LB en África que definió Burkitt también se dan en Nueva Guinea y coinciden con las de las infecciones de malaria que se producen a lo largo de todo el año. En el caso de la malaria estas condiciones dependen de las necesidades reproductivas de su vector: el mosquito. El VEB no se propaga a través de mosquitos, pero parece que la malaria es un factor de riesgo añadido para el desarrollo del LB, tal vez porque la inflamación crónica asociada favorece la supervivencia y proliferación de células B infectadas con VEB. Sin embargo, aún no sabemos con precisión cómo actúan juntas la infección de malaria, la desregulación del c-myc y la infección por VEB para promover el desarrollo tumoral.

Curiosamente se da una incidencia mayor de LB en pacientes de sida de todo el globo, pero solo en torno a una cuarta parte de esos tumores contiene el VEB. Esto sugiere que la infección por VIH y la inmunodepresión e inflamación crónicas asociadas a ella consiguen reemplazar la necesidad del VEB y la malaria para el desarrollo tumoral.

La situación es mucho más clara en el caso de tumores asociados al VEB en personas inmunodeprimidas, ya sea por un defecto inmunitario congénito o por el empleo de fármacos inmunodepresores, como los que reciben los pacientes trasplantados para evitar el rechazo del órgano recibido. La supresión de la respuesta inmunitaria de las células T en particular permite la supervivencia y proliferación de células infectadas con VEB que expresan oncogenes virales, lo que a veces da lugar a un tumor. Esta parece una forma de producción tumoral muy directa, pero el hecho de que solo una minoría de personas inmunodeprimidas desarrolle tumores sugiere la necesidad de que confluyan otros factores, supuestamente mutaciones celulares, para el crecimiento tumoral.

El VEB también se encuentra en alrededor del 50 % de los casos de linfoma de Hodgkin, sobre todo en niños de países en vías de desarrollo, en gente con VIH y en población caucásica de edad avanzada. Los tumores epiteliales de la mucosa nasal denominados *carcinoma nasofaríngeo*, que son muy comunes en China meridional, también están asociados al VEB, al igual que entre el 10 y el 20 % de los cánceres de estómago.

El virus asociado con el sarcoma de Kaposi se descubrió en 1994 gracias al equipo formado por el matrimonio Yuan Chan g y Patrick Moore en Pittsburgh, EE. UU., tras una búsqueda propiciada por la epidemia de sarcoma de Kaposi (SK) en personas infectadas con el VIH. El SK se manifiesta de tres formas. La primera de ellas es la «clásica», descrita por el dermatólogo austrohúngaro Moritz Kaposi (1837-1902) en 1872. Lo característico es que se presente en forma de múltiples manchas de color marrón rojizo en la piel de hombres mayores de origen mediterráneo, del este de Europa o judío. Es de crecimiento lento y solo en raras ocasiones invade órganos internos. La segunda variedad es la forma «endémica» del SK que se encuentra en el este de África y se parece a la forma clásica, pero invade con más frecuencia órganos internos. El tercer tipo de SK es el «asociado al VIH» y fue muy común al principio en hombres homosexuales occidentales, pero, mientras que su incidencia ha ido en descenso tras la introducción de terapias retrovirales para el VIH, ha aumentado en el África subsahariana, donde ahora constituye el tumor más común asociado al VIH.

Las lesiones del SK se componen de células endoteliales infectadas con HVSK. Además, el virus produce factores que estimulan una formación excesiva de vasos sanguíneos nuevos, lo que confiere al tumor su característica coloración rojiza. El genoma viral contiene oncogenes y también genes del receptor molecular del factor de crecimiento, y todo ello estimula la proliferación de células tumorales. El HVSK también causa los tumores de células B de la enfermedad de Castleman multicéntrica (una dolencia rara) y linfoma de efusión primaria. Todos estos tipos de tumores se dan con más frecuencia con sistemas inmunitarios debilitados.

Virus de la hepatitis

El cáncer primario de hígado constituye uno de los grandes problemas de salud a nivel mundial. Es uno de los diez cánceres más comunes en todo el mundo, del cual se diagnostican 250.000 casos al año, y solo el 5 % de las personas afectadas sobrevive cinco años. El tumor es más común en hombres que en mujeres y tiene una prevalencia mayor en el África subsahariana y el sudeste asiático, donde la incidencia supera los 30 casos cada 100.000 habitantes al año, frente a la cifra de menos de 5 casos cada 100.000 habitantes en EE. UU. y Europa. Hasta el 80 % de estos tumores se debe a un virus de la hepatitis, y el resto está relacionado con daños hepáticos producidos por toxinas, como el alcohol.

Como hemos visto en el capítulo 7, hay cinco virus humanos de la hepatitis (A, B, C, D y E), de los cuales los virus de la hepatitis B y C provocan cáncer de hígado. Estos dos virus no están relacionados entre sí, ya que el VHB es un hepadnavirus pequeño de ADN, mientras que el VHC es un flavivirus con un genoma de ARN. Sin embargo, ambos tienen como blanco principal el hígado y causan, o bien hepatitis manifiesta, o bien una infección silente durante el primer encuentro. En algunas personas persisten y a menudo causan daños permanentes en el hígado, cirrosis y, en algunos casos desafortunados, cáncer de hígado.

La asociación entre el VHB y el cáncer de hígado está respaldada por la coincidencia geográfica entre los índices más altos de la infección viral y la frecuencia tumoral; esto se da en América del Sur, el África subsahariana y el sudeste asiático (figura 15). Además, un estudio amplio realizado con 22.000 hombres en Taiwán en la década de 1990 reveló que las personas con una infección persistente de VHB tenían más de 200 veces más probabilidad que las no portadoras de desarrollar cáncer de hígado, y que más de la mitad de las muertes en este grupo se debían a cáncer de hígado o cirrosis.

El mecanismo de desarrollo tumoral del VHB no se ha esclarecido por completo. Como el tumor se forma muchos años después de la infección inicial, tienen que ser necesarios varios sucesos raros para llegar a un resultado tumoral. El virus no codifica ninguna proteína que transforme las células hepáticas en cultivos de tejidos ni que induzca tumores en animales, pero porta un gen llamado X que es capaz de activar genes celulares y, por tanto, puede influir en los mecanismos celulares para control del crecimiento. Asimismo la mayoría de tumores tiene una o más copias del genoma del VHB integradas en el ADN celular. Esta integración ocupa posiciones aleatorias y probablemente se produce de manera accidental durante la división de una célula infectada por VHB, puesto que, a diferencia de lo que ocurre con los retrovirus, la integración no forma parte del ciclo de vida natural del VHB. Este suceso podría darse en varias ocasiones a lo largo de una infección de por vida, pero solo puede favorecer el desarrollo tumoral si el lugar de la integración permite que el gen X influya en los genes celulares, de manera que incline la balanza en favor del crecimiento celular. Además, la inflamación crónica causada por la infección persistente de las célula hepáticas, con ciclos recurrentes de infección celular, destrucción inmunitaria y regeneración de células hepáticas que a veces deriva en cirrosis, puede aportar factores de crecimiento que contribuyan al desarrollo tumoral. Por último, ciertas toxinas capaces de contaminar alimentos mal conservados pueden causar cánceres hepáticos en animales. La aflatoxina B1, producida por hongos, es uno de esos ejemplos que puede actuar, por tanto, como otro cofactor no relacionado para el desarrollo de la enfermedad en humanos.

Existe una vacuna para el VHB, y su empleo ya ha deparado un descenso del cáncer de hígado relacionado con el VHB en Taiwán, donde se emprendió un programa de vacunación en la década de 1980 (véase el capítulo 9).

De forma análoga al VHB, la infección persistente por el VHC va asociada al riesgo de sufrir cáncer primario de hígado y, en países donde la incidencia del cáncer de hígado ha descendido en los últimos tiempos gracias a un programa de vacunación frente al VHB dirigido a grupos de alto riesgo, el VHC se ha convertido ahora en la causa más común de esta enfermedad mortal.

Queda mucho para esclarecer el mecanismo del VHC para el desarrollo de tumores, y el hecho de que el virus no se pudiera cultivar en laboratorio hasta hace bien poco dificultó enormemente los proyectos de investigación. Un detalle relevante es que la búsqueda exhaustiva en tejidos tumorales no ha logrado detectar ninguna traza del virus, y tampoco se ha identificado ningún gen viral transformador. Estos hechos sugieren que el virus tiene una intervención completamente indirecta en el desarrollo tumoral. Tal vez los procesos inflamatorios crónicos que estimula el virus a lo largo de décadas basten en raras ocasiones para desencadenar ese cambio maligno.

Virus del papiloma

Casi todo el mundo ha tenido antiestéticas verrugas en las manos o dolorosas verrugas plantares en los pies en algún momento de su vida. Las verrugas se deben al virus del papiloma humano (VPH), una familia muy extensa de virus formada por más de 100 tipos distintos. La infección con VPH es muy común y, aunque en su mayoría son inocuos, como los que causan las verrugas vulgares o plantares, unos pocos pueden provocar cáncer, con mayor frecuencia cáncer de cuello de útero en mujeres.

Los VPH tienen como diana las células epiteliales escamosas, es decir, el revestimiento grueso de células que conforman la capa más exterior de la piel del cuerpo y que recubren algunas zonas internas, como el tracto genital, la boca, la garganta y la parte superior de la laringe. La capa basal del epitelio contiene células madre autorregenerativas capaces de experimentar división celular de por vida. Esta cadena de producción suele estar en equilibrio perfecto con la pérdida regular de células muertas de la superficie cutánea. El VPH penetra en el organismo a través de cualquier pequeño corte o abrasión e instaura una infección persistente en esas células madre epiteliales. El genoma del VPH se replica cada vez que la célula se divide, de manera que la descendencia de la célula madre conserva una copia del VPH, lo que asegura su supervivencia a largo plazo en el huésped. La segunda célula hija avanza hasta el epitelio, y su maduración dispara la señal para que el VPH inicie la producción viral, de modo que cuando la célula muera y la piel la mude, contendrá miles de partículas virales listas para infectar a otros huéspedes a través de contactos estrechos, como la práctica de sexo.

La relación entre el VPH y el cáncer de cuello de útero fue propuesta en la década de 1970 por Harald zur Hausen, virólogo alemán de Núremberg que a partir de entonces se propuso demostrar esa asociación, lo que le valió el premio Nobel por su descubrimiento en el año 2008. Ahora sabemos que el ADN del VPH, sobre todo de los tipos 16 y 18, está presente en las células de casi todos los cánceres cervicales, así como en los cánceres menos habituales de vagina, vulva, pene, ano, piel, boca, garganta y laringe.

El genoma de ADN del VPH es pequeño, con tan solo ocho o nueve genes principales. En la infección natural, el papel de los genes llamados *E6* y *E7* consiste en estimular la división celular para que el virus tenga acceso a la maquinaria celular que necesita para propagar su propio genoma. Por tanto, las células infectadas con VPH suelen crecer más deprisa que las no infectadas, lo que da lugar a la típica forma de pequeña coliflor de las verrugas. Sin embargo, esto de por sí no genera un cáncer; para que se produzca una transformación maligna se requieren otros factores, sobre todo la integración del genoma viral en el de la célula anfitriona. Esto ocurre en raras ocasiones de forma aleatoria, al igual que con la integración del virus de la hepatitis B (VHB), y se cree que resulta de un error durante la división celular. Esto desregula la expresión de los genes virales, lo que conduce a una sobreexpresión de los genes E6 y E7 y una aceleración de la división celular.

Estos descubrimientos de laboratorio están respaldados por la observación clínica de los VPH de tipo 16 y 18 en el cuello uterino de algunas mujeres que no tienen cáncer. De hecho, las pruebas realizadas con mujeres estadounidenses sanas de entre dieciocho y quince años de edad revelan que hasta el 46 % de ellas porta un VPH, de los cuales en torno a un tercio son de los tipos 16 y 18. Es más, el estudio regular del cáncer de cuello de útero que dio comienzo en la década de 1960 identificó lesiones precancerosas donde las células anómalas infectadas por el virus siguen inmersas en la capa epitelial. Esto se denomina *neoplasia intraepitelial cervical* (NIC), y se distinguen tres niveles de gravedad que van del I al III. El ADN del VPH está presente en todos esos niveles y, aunque en cualquiera de ellos se puede producir una vuelta a la normalidad, un porcentaje elevado de los casos no tratados en los niveles II y III acaba derivando en cáncer invasivo.

Los factores que aumentan la probabilidad de una infección por VPH y de cáncer genital son la práctica de sexo a una edad temprana, la promiscuidad sexual, el empleo de anticonceptivos orales y otras infecciones de transmisión sexual. Una vez contraída la infección, el riesgo de desarrollar un cáncer es mayor en las personas fumadoras, los organismos inmunodeprimidos y las mujeres con antecedentes familiares, lo que indica una predisposición genética a la enfermedad.

Aunque las citologías cervicovaginales permiten detectar a las personas infectadas con los tipos de VPH que entrañan mayor riesgo y efectuar un seguimiento de la neoplasia intraepitelial cervical, en la actualidad no se puede predecir de manera definitiva quién desarrollará un cáncer. Además, el procedimiento es demasiado caro para realizarlo en países en vías de desarrollo, donde el riesgo de cáncer cervical puede ser elevado.

La incidencia del cáncer de cuello de útero varía de un país a otro, de manera que la mayor cantidad de casos se registra en Sudáfrica y América Central, donde es el cáncer más diagnosticado en mujeres (figura 18). A nivel mundial, cada año hay casi medio millón de casos nuevos y más de un cuarto de millón de fallecimientos por cáncer cervical. Aunque la incidencia y los índices de mortalidad han caído en el mundo occidental desde la introducción de análisis específicos, no ocurre lo mismo en los países en vías de desarrollo, que ahora reúnen el 85 % del total. En EE. UU. y Europa continental (véase el capítulo 9) se está ofreciendo ahora una vacuna a niños y niñas preadolescentes con el convencimiento de que la prevención de la infección de dos de los VPH más oncogénicos tendrá un efecto enorme en la incidencia del cáncer de cuello de útero en los años venideros. Puesto que la vacuna es más barata y más fácil de administrar que las analíticas de cuello de útero, se espera que pronto llegue a los países más necesitados.

¿Virus fugitivos?

En la actualidad se diagnostican cada año 1,8 millones de casos de cáncer asociados a virus en todo el mundo. Esto asciende al 18 % de todos los casos de cáncer registrados, pero, como estos virus tumorales humanos no se han identificado hasta hace bien poco, es probable que queden algunos más ahí fuera esperando a ser descubiertos. De ser así sería crucial

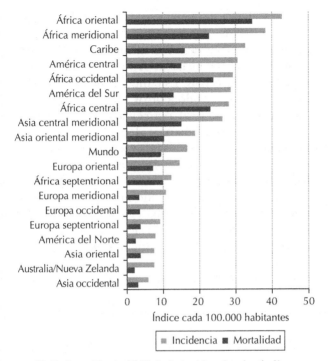

18. Estimación de 2002 de la incidencia y los índices de mortalidad del cáncer de cuello de útero en edades estandarizadas en distintas regiones del mundo.

localizarlos, porque una causa viral abre la puerta al desarrollo de una vacuna para prevenir el tumor.

El virus asociado con el sarcoma de Kaposi (HVSK) es el virus tumoral humano descubierto en tiempos más recientes, y se detectó usando muestras moleculares, en lugar de los métodos tradicionales para aislar virus. Chang y Moore compararon el ADN de una lesión con sarcoma de Kaposi con el ADN de piel normal del mismo individuo en un experimento

165

de sustracción. Eliminaron todas las secuencias idénticas de ADN que había en ambas muestras y dejaron tan solo secuencias de ADN exclusivas del SK, y estas resultaron ser secuencias de ADN de un herpesvirus desconocido, el HVSK. Este ingenioso sistema tecnológico se está aplicando a otros tumores sospechosos de tener una causa viral, pero en algunos casos los resultados no están siendo muy alentadores. Se ha planteado que los virus utilizan una táctica conocida como *golpear y huir («hit and run»)* y que consiste en que el virus que provoca el tumor actúa en una fase temprana para su desarrollo causando un daño permanente en la célula, y después se marcha sin dejar rastro. Si este mecanismo fuera el utilizado por algunos virus, ciertamente resultaría muy difícil demostrar una asociación entre ellos y el cáncer.

9

Cambiar las tornas

Resulta curiosamente paradójico que la prevención de varias infecciones virales se lograra mucho antes de que nadie conociera la existencia de los virus ni las respuestas inmunitarias necesarias para prevenir la infección. Aunque los virus se descubrieron por primera vez en la década de 1930, más de cien años antes Edward Jenner (1749-1823) consiguió una vacuna contra la viruela, el virus más letal de todos los tiempos.

Prevención y erradicación de la viruela

La primera fórmula registrada para prevenir la viruela fue la inoculación, utilizada en China e India durante cientos de años antes de que llegara a Europa occidental en el siglo XVIII. La técnica, también llamada *variolización* o *implantación*, consistía en practicar una incisión en la piel con una aguja impregnada con raspaduras o pus de costras de viruela. A diferencia del virus adquirido por inhalación, esto provocaba por lo común una infección cutánea localizada, pero no una infección sistémica, que iba seguida por la inmunidad a largo plazo.

La inoculación fue introducida en Gran Bretaña en la década de 1720 por Mary Wortley Montagu (1689-1762), quien presenció esa práctica cuando vivía en Constantinopla (actual Estambul) con su esposo, Edward Wortley Montagu, embajador británico en el Imperio Otomano de 1716 a 1717. La propia Mary había pasado la viruela y su hermano había fallecido de esta enfermedad, de modo que quiso hacer algo para proteger a sus hijos de ella. Convenció al médico de la familia, el doctor Charles Maitland, para que aprendiera la técnica de los expertos locales de Constantinopla e inoculara a su hijo Edward de cinco años de edad. Así lo hizo y, una semana después, el niño sufrió fiebre con unas pocas pústulas, pero se recuperó pronto y se inmunizó.

Cuando la familia regresó a Londres en 1718, Mary puso gran empeño en difundir la inoculación como un método para prevenir la viruela y, cuando en 1721 hubo un brote epidémico, pidió a Maitland que inoculara a su hija Mary, de cuatro años de edad, ante dos eminencias médicas como testigos. La intervención se realizó con éxito y la voz se corrió. Tras la práctica de otras implantaciones en seis condenados de la prisión de Newgate y un grupo de huérfanos de la parroquia de St. James de Londres sin ningún efecto negativo, el mismísimo rey Jorge I dio su consentimiento para inocular a sus dos nietas, lo que popularizó la técnica.

Edward Jenner fue un médico rural de Berkeley, condado de Gloucestershire, donde se rumoreaba que la piel inmaculada de las lecheras se debía a que contraían viruela bovina, una infección natural de las ubres de las vacas, y por eso eran inmunes a la viruela. Estos rumores seguramente procedían de Benjamin Jesty (1736-1816), un granjero de Dorset, que tal vez fuera el primero en comprobar esta teoría en 1774 cuando inoculó a su esposa e hijos con viruela bovina, aunque no llevó el experimento más allá. No está claro si Jenner conocía el trabajo de Jesty antes de decidirse a comprobar la teoría por sí mismo, pero más tarde reconoció la aportación de aquel.

Jenner emprendió la comprobación más directa posible. En sus experimentos, de fama mundial en la actualidad y carentes de cualquier base ética para los estándares de hoy, extrajo viruela bovina del brazo de una ordeñadora infectada, Sarah Nelmes, y la usó para inocular a un niño, James Phipps, que no había pasado la viruela. Unas semanas después, inoculó a Phipps con virus vivo de viruela para observar si estaba protegido. Por suerte Phipps continuó sano, y cuando comprobó que otros niños sometidos a la viruela bovina también se habían inmunizado contra la viruela, Jenner supo que había realizado un descubrimiento revolucionario capaz de salvar muchos miles de vidas.

Sin embargo, cuando Jenner publicó sus hallazgos en un opúsculo en 1798, otros no se mostraron tan seguros. Algunos no creyeron que la vacunación funcionara y recordaron a Jenner, quien había sido elegido miembro de la Real Sociedad de Londres por su descubrimiento, que los pájaros cucos ponen sus huevos en los nidos de otras aves, con la intención de aconsejarle que regresara a sus estudios iniciales de ornitología. También se encontró con la resistencia de la Iglesia, reforzada aún más por la protesta popular contra el empleo de animales (vacas) para prevenir una enfermedad humana (figura 19). Pero a pesar de esta oposición, el uso de la vacunación contra la viruela, que era más segura que la inoculación, se extendió con rapidez, y en 1801 se había vacunado en Reino Unido a más de 100.000 personas. A lo largo de los cincuenta años siguientes las muertes por viruela cayeron en Londres de más del 90 por mil al 15 por mil.

19. *La viruela de la vaca o los maravillosos efectos de la nueva inoculación,* de James Gillray, 1802.

En un principio el virus bovino para practicar la vacunación se obtenía de vacas u ordeñadoras infectadas de forma natural, pero pronto se descubrió la transferencia de brazo a brazo desde una persona inoculada a una persona no inmunizada, y más tarde el virus empezó a cultivarse y recolectarse en el costado de un ternero, un método más adecuado para la producción a gran escala. La práctica de la vacunación fue esencial para la erradicación de la viruela a escala mundial.

Cuando la OMS anunció en 1966 la campaña para la erradicación de la viruela, el virus ya se había eliminado de Europa y EE. UU. Pero seguía siendo endémico en 31 países, lo que arrojaba una cantidad estimada de diez millones de casos y dos millones de muertes al año. Se previó una campaña costosa, pero, como la enfermedad era tan letal, hasta los países que se habían deshecho del virus temían que casos importados causaran una epidemia, de modo que aportaron fondos para conseguir su erradicación mundial.

El éxito de esta empresa audaz, altamente compleja y cara dependía en especial de varios rasgos específicos del virus de la viruela, de la propia enfermedad y de la vacuna. En primer lugar, el virus no tiene ningún reservorio animal, solo infecta al ser humano y causa una enfermedad grave sin persistencia del virus entre los supervivientes. De modo que cuando el virus no tiene ningún otro lugar donde esconderse, la interrupción de su cadena de infección debería conducir a la larga a su erradicación. En segundo lugar, la enfermedad no era contagiosa hasta que aparecían los síntomas, es decir, cuando alcanzaba tal gravedad como para mantener al paciente bastante aislado en su cama. La enfermedad en sí era fácil de diagnosticar a partir de rasgos clínicos, sobre todo las pústulas características. De modo que, como no se producían infecciones latentes, casi todos los casos se podían identificar y aislar. Además, el periodo de incubación, de unas dos semanas, ofrecía una ventana de oportunidad para efectuar un seguimiento de los contactos mantenidos por un caso determinado y aislarlos hasta considerarlos no infecciosos. En tercer lugar, la vacuna, que fue absolutamente determinante para el éxito de la campaña, era segura y muy efectiva. Y, como el virus de la viruela es un virus estable de ADN con un solo tipo principal, había poca probabilidad de que mutara en una cepa resistente a la vacuna.

Ejércitos de trabajadores produjeron y distribuyeron un preparado vacunal que permaneciera activo en climas tropicales en las cuatro zonas endémicas que quedaban en el mundo: Brasil, Indonesia, el África subsahariana y el subcontinente indio. El objetivo era incrementar la cobertura vacunal por encima del 80 %, el umbral crítico para prevenir la propagación del virus. Esto funcionó tan bien que en cuestión de diez años la transmisión de la viruela se interrumpió al fin y Etiopía se convirtió en el último país endémico. En 1980 quedó declarada la erradicación de la viruela a escala mundial.

La vacuna de Jenner funciona generando una respuesta inmunitaria ante un virus dañino (el de la viruela bovina) que está tan emparentado con el virus letal (el de la viruela humana) que el sistema inmunitario no es capaz de diferenciarlos. La misma treta se empleó más tarde para evitar la enfermedad de Marek, una infección devastadora para las gallinas causada por un herpesvirus asociado a tumores denominado *virus de la enfermedad de Marek.* Afecta sobre todo a gallinas y mata con rapidez hasta el 80 % de un corral doméstico, lo que genera grandes pérdidas económicas. La enfermedad, descrita por primera vez por el patólogo húngaro Jozsef Marek (1868-1952) en 1907, comienza con una parálisis de una o más extremidades seguida por dificultad respiratoria que acaba en muerte. Estos síntomas se deben a la infiltración de células T en los nervios y a la aparición de tumores en órganos vitales. Una vez que se aisló el virus en 1967 pronto se descubrió que un virus muy similar, el herpesvirus de los pavos, podía proteger a las gallinas del virus de la enfermedad de Marek sin ningún efecto negativo.

Vacuna contra la rabia

Varios años después de los experimentos de Jenner, Louis Pasteur desde París creó una vacuna contra el virus de la rabia a partir de médula espinal seca de animales infectados con la rabia. Este virus se encuentra en la saliva de los animales rabiosos y suele circular entre animales salvajes, como perros, zorros y murciélagos. Aunque algunas especies sobreviven a un ataque de rabia, las infecciones humanas sin tratar, que solían contraerse a través de la mordedura de algún perro rabioso, son mortales en el 100 % de los casos. La muerte sobreviene cuando el virus invade el cerebro, pero no antes de que haya causado los síntomas más angustiosos, que incluyen la clásica hidrofobia (horror al agua) combinada con periodos de ansiedad extrema e hiperactividad intercalados con intervalos de lucidez en los que el paciente es absolutamente consciente de la situación desesperada en la que se encuentra. Las personas afectadas sufren espasmos terroríficos de los músculos respiratorios al intentar beber, pero la sed los empuja a intentarlo una y otra vez, lo que tiene efectos violentos que pueden derivar en convulsiones generalizadas y paradas cardiacas y respiratorias. Cuando no se produce este desenlace, el paciente sobrevive en este estado alrededor de una semana antes de entrar en coma y morir. No es de extrañar que Pasteur eligiera la rabia como primera enfermedad infecciosa para intentar prevenir con una vacuna.

173

Mientras la vacuna se estaba probando aún en el laboratorio, en 1885 convencieron a Pasteur para probarla en un niño, Joseph Meister, mordido por un perro rabioso y con un pronóstico muy sombrío. La vacuna salvó la vida del niño y de muchos otros después de él hasta que el preparado se reemplazó por otro más seguro, creado a partir del desarrollo del virus en células cultivadas.

A diferencia de las vacunas diseñadas para evitar infecciones agudas, como el sarampión o la polio, la vacuna de la rabia protege de la enfermedad incluso si se suministra después de que una mordedura transmita el virus. Esto se conoce como *vacunación postexposición* y funciona porque el virus tiene que seguir rutas nerviosas desde el lugar de la infección para llegar al cerebro antes de causar los síntomas. La duración del viaje puede prolongarse meses o incluso años, y dependerá de la distancia entre el punto de infección y el cerebro. De modo que, siempre que la vacuna se suministre poco después de la mordedura, debería impedir que el virus llegue al cerebro. Aunque es bastante rara, la rabia es endémica en la mayoría del planeta, y en el mundo llegan a producirse hasta 70.000 muertes al año por esta enfermedad. El índice anual de mortalidad más elevado registrado en un solo país fue de 20.000 en India. La vacunación se recomienda si se viaja a países con alta incidencia, pero en la práctica lo más demandado es la vacunación postexposición, de la que se suministran más de trece millones de dosis al año.

No hay duda de que, aunque es caro desarrollar y probar vacunas, son la forma más segura, fácil y rentable de controlar enfermedades infecciosas en todo el mundo. Esta es la razón por la que hoy en día hay vacunas en fase de desarrollo o de prueba contra muchos virus patógenos, incluidos el virus del resfriado común y el virus altamente letal del Ébola. Pero el desarrollo de vacunas es un proceso lento y, aunque algunas estén en fase de ensayos clínicos, son muy pocas las que obtienen autorización para su uso clínico. Entre estas últimas se cuentan la vacuna triple vírica para lo que antes eran las enfermedades típicas de la infancia (sarampión, paperas y rubeola), así como la vacuna de la polio.

Tradicionalmente hay dos tipos de vacunas víricas, las que usan un virus vivo, pero atenuado (debilitado), y las que usan un virus inactivo. Los pros y contras del empleo de cada uno de estos tipos los ilustra la historia de la erradicación de la polio, que acaba de entrar en su fase final.

Vacuna contra la poliomielitis

A comienzos del siglo XX la polio era una enfermedad muy temida (véase el capítulo 6). Las epidemias alcanzaron un pico máximo en EE. UU. en la década de 1950, justo antes de que empezara a usarse la vacuna inactivada desarrollada por el virólogo estadounidense Jonas Salk (1914-1995). Sus efectos fueron inmediatos, ya que redujo el número de casos en EE. UU. de 20.000 a unos 2.000 al año. Sin embargo, debía suministrarse inyectada y la primera que se desarrolló tenía una eficacia bastante baja.

Por estas razones, Albert Sabin (1906-1993), otro virólogo estadounidense, fabricó una vacuna viva atenuada contra la polio que estuvo disponible en la década de 1960. Para obtenerla cultivó el virus en laboratorio hasta que surgió una cepa debilitada que inducía inmunidad sin causar la enfermedad. Esta vacuna era más barata y más fácil de producir que la vacuna inactivada y se podía suministrar por vía oral, lo que suponía una gran ventaja, sobre todo para emplearla en el mundo en vías de desarrollo. Además, la administración oral usa la ruta natural de la infección del virus de la polio, de modo que la cepa de la vacuna se reproduce en los intestinos y se excreta a través de las heces, lo que permite su propagación por la comunidad y la vacunación en la práctica de quienes no han recibido una dosis oficial de la vacuna. Pero, como el virus de la vacuna se desarrolla en el organismo, cabe la posibilidad de que mute y se convierta en una variedad patógena. Aunque es raro, esto llega a ocurrir, de modo que la vacuna atenuada de la polio viva causa poliomielitis paralítica en alrededor de una de cada millón de vacunas suministradas.

La campaña para la Erradicación Mundial de la Poliomielitis de la OMS comenzó en 1988 con el objetivo de conseguir una cobertura superior al 80 % con la vacuna oral. La iniciativa ha supuesto un gran éxito para la erradicación del virus salvaje, cuya incidencia global había descendido en un 99 % en el año 2005. En el año 2016 solo quedaban unos pocos núcleos de infección en Afganistán, Paquistán y Nigeria. Paradójicamente, a medida que descendía la incidencia de la infección por poliomielitis salvaje, aumentaba el riesgo de contraer la poliomielitis asociada a la vacuna, causada por mutaciones en el virus vacunal, de modo que la mayoría de los casos actuales de poliomielitis paralítica se deben a la cepa de la vacuna. Además, como la cepa vacunal del virus de la poliomielitis circula por la comunidad, no es posible erradicar por completo el virus. Por estas razones, la política actual consiste en volver a utilizar la vacuna inactivada en todo el mundo con el objeto de lograr una erradicación definitiva.

Otros virus humanos que figuran en la lista para su erradicación a nivel mundial son el del sarampión, la rubeola, las paperas, la rabia y el de la hepatitis B.

¿Vacunas sí? ¿Vacunas no?

El debate ético que existía en torno al empleo de la vacuna contra la viruela en la época de Jenner ha avanzado, pero, desde luego, no ha desaparecido en absoluto. Aún quedan sectas religiosas que rechazan la vacunación, pero ahora han empezado a aflorar otros problemas cruciales.

Uno de ellos es la «hipótesis de la higiene» con la que se explica el reciente aumento de las enfermedades autoinmunitarias y alergias en los países occidentales. Ambos tipos de dolencias se deben a un desajuste de la respuesta inmunitaria. La teoría de la higiene atribuye estas alteraciones a la ausencia de infecciones durante la infancia debido a las campañas de vacunación, así como al aumento de la higiene y del empleo de antibióticos en el mundo moderno. Todos estos factores reducen la estimulación antigénica durante la infancia y podrían predisponer el sistema inmunitario de los niños a tener estas reacciones anómalas. La investigación en este campo continúa, pero en el momento en que se redactan estas líneas no hay ninguna prueba específica que respalde esta hipótesis.

Por muy seguras que sean las vacunas, nunca estarán completamente libres de posibles efectos secundarios. Como siguen evitando enfermedades infecciosas, los índices de mortalidad bajarán y, con el tiempo, es posible que los efectos adversos de una vacuna excedan los de la enfermedad que se pretende evitar. Aunque los riesgos de la vacuna de la viruela son muy bajos, de una o dos muertes cada millón de vacunaciones, en algún momento tenía que pasar durante el programa de erradicación de la viruela cuando el virus se eliminó de continentes enteros. Aun así, seguía siendo esencial que la vacunación prosiguiera hasta garantizar una erradicación total. En el momento presente, mientras se persigue la erradicación global del sarampión y esta infección es ahora rara en el mundo desarrollado, puede que algunos piensen que ante el riesgo actual de uno entre un millón de desarrollar encefalitis asociada a la vacuna, es más seguro no vacunarse. Sin embargo, si mucha gente pensara así y el grado de vacunación descendiera por debajo del umbral crítico del 80 %, entonces la epidemia del sarampión reaparecería y las muertes serían inevitables.

Esto es justo lo que ocurrió en Reino Unido después de un informe aparecido en la revista médica *The Lancet* en 1998 que relacionaba la vacunación contra el sarampión con el autismo infantil. La información alcanzó tal difusión que provocó un descenso inmediato en las vacunaciones contra el sarampión y, a pesar de que la relación se refutó y con el tiempo se desmintió, transcurrieron doce años hasta que se dictó sentencia condenatoria contra el autor principal del informe por falsedad e incumplimiento de los protocolos éticos, y hasta que se produjo su consiguiente expulsión del registro oficial de médicos de Reino Unido. Entretanto el virus se recuperó y causó epidemias de sarampión y muertes.

Todas estas razones han motivado una búsqueda constante de vacunas más seguras. La revolución molecular que comenzó en la década de 1960 auguraba una nueva generación de vacunas virales de subunidades recombinantes. Una vez desentrañada la composición molecular de los virus, permitiría identificar las proteínas virales clave (subunidades) necesarias para estimular la inmunidad protectora y fabricarlas en laboratorio a modo de vacuna. La primera de estas vacunas recombinantes que empezó a fabricarse fue contra el virus de la hepatitis B (VHB). El antígeno de superficie del VHB se identificó como la proteína clave, y este se clonó y produjo en vastas cantidades en células de levadura en el laboratorio. Tras comprobar a través de experimentos con animales que la vacuna era segura y efectiva, reemplazó a productos anteriores obtenidos mediante la purificación del antígeno de superficie del VHB extraído de la sangre de individuos con una infección persistente, una práctica que conllevaba el riesgo de transferir también infecciones de transmisión sanguínea, como el VIH y el VHC. Un producto similar creado en laboratorio es el de la vacuna autorizada recientemente contra los virus del papiloma humano (VPH) de tipo 16 y 18 causantes de cáncer, basada en la principal cubierta proteica del virus. Estas moléculas de proteína del VPH se ensamblan para crear «partículas similares a virus» no infecciosas que a través de modelos animales se han demostrado seguras y capaces de prevenir el desarrollo del cáncer inducido por el VPH.

Otros inventos modernos que usan vacunas recombinantes son las denominadas *vacunas génicas*, también llamadas *vacunas de ADN desnudo*. Estas consisten en introducir en el organismo el ADN que codifica la proteína viral clave, bien mediante su inyección directa, o bien insertándolo en el genoma de un virus inofensivo. Cuando este virus, llamado *vector*, infecta las células humanas o animales, expresa el gen clave «ajeno» junto con sus propios genes, y genera una respuesta inmunitaria en el huésped. Ninguna de las vacunas creadas de este modo ha obtenido licencia para su uso en humanos, pero se han realizado ensayos clínicos con una vacuna recombinante contra el VIH usando un adenovirus como vector.

A pesar de esta variedad de estrategias para la producción de vacunas, siguen quedando numerosos virus patógenos para los que no existe vacuna, lo que incluye la mayoría de los virus emergentes, para los que no ha habido financiación hasta hace bien poco (véase el capítulo 5). Otros, como el virus respiratorio sincitial mortal en la infancia, plantean gran cantidad de dificultades, tal como ilustran los numerosos intentos fallidos de obtener una vacuna contra el VIH.

Vacunas contra el VIH: ¿Realidad o ficción?

Han pasado más de treinta años desde que se identificó por primera vez el VIH como el causante del sida, pero, a pesar de una inversión financiera masiva y del esfuerzo de la comunidad científica, aún no existe una vacuna eficaz para atajarlo. Tras el fracaso en la preparación de vacunas contra el VIH que estimularan respuestas de anticuerpos en un primer momento para evitar la infección, se intentaron vacunas con células T, pero estas también resultaron fallidas. Solo un ensayo, el RV144 de Tailandia, reveló una eficacia

180

modesta, aunque no suficiente para comprometerse a una producción a escala comercial.

Son varios los motivos de estos fracasos. En primer lugar, el VIH muta con rapidez y, después de unos cien años de infección humana, hay muchos tipos y cepas distintos que quizá no puedan prevenirse con un único preparado vacunal. En segundo lugar, el VIH persiste en todas las personas que infecta, lo que indica que la respuesta inmunitaria natural contra el virus no es capaz de eliminarlo. Esto dificulta el diseño de una vacuna que consiga lo que la naturaleza misma no es capaz de lograr. En tercer lugar, el VIH suele transmitirse a través del revestimiento del tracto genital, de modo que los anticuerpos y células T inmunitarias de la sangre deben llegar hasta ese lugar para evitar que el VIH infecte las células CD4 y establezca una infección latente. Por último, el VIH se puede transmitir tanto como virus libre como dentro de las células, de tal manera que la respuesta inmunitaria necesaria para impedir que la infección se establezca puede ser distinta en cada caso. Por todas estas razones, la vacuna ideal para evitar por completo la infección por VIH constituye hoy por hoy una posibilidad remota.

El enfoque multifacético para controlar el VIH aún se centra en impedir la propagación del virus, pero va más allá de los medios tradicionales de educación, libre acceso a los preservativos, programas para evitar el intercambio de jeringuillas y el tratamiento inmediato de otras infecciones de transmisión sexual. Por ejemplo, se ha visto que la circuncisión reduce entre un 40 y un 80 % el riesgo de infección en hombres y, por tanto, se está fomentando entre ciertos grupos de alto riesgo.

Los fármacos antivirales son determinantes para frenar la propagación del VIH y se están usando en todo el mundo, de tal manera que en la actualidad los recibe en torno al 46 % de las personas que los necesitan. Un ámbito de actuación prioritario lo constituye el suministro de fármacos retrovirales a los 1,7 millones de mujeres embarazadas seropositivas en VIH que hay en todo el mundo, para impedir la transferencia del virus a sus hijos. En 2015 el 77 % de esas mujeres recibió tratamiento antiviral.

Siguiendo el ejemplo de la guía para prevenir la malaria, donde la profilaxis de preexposición constituye la norma, una opción consiste en proteger con fármacos antirretrovirales a las personas no infectadas cuyas parejas son portadoras del VIH, ya que son personas de alto riesgo. Además, la profilaxis de postexposición utilizada con éxito entre el personal sanitario tras una exposición accidental al VIH en el entorno laboral es una opción después de contactos sexuales de alto riesgo, una estrategia que emula a la de la píldora anticonceptiva del día después.

Muchos estudios evidencian que la transmisión del VIH se produce con mucha facilidad cuando la carga viral en sangre es elevada y, como la terapia antiviral es capaz de reducir esa carga hasta niveles imperceptibles, estos fármacos se pueden utilizar para evitar la propagación. La mayor parte de la transmisión se produce dentro de los pocos meses posteriores a la infección primaria, cuando la carga viral es extremadamente alta, pero cuando la mayoría de la gente desconoce estar infectada. Programas más efectivos de detección en grupos de riesgo que incluyeran la realización de pruebas voluntarias, detectarían esas infecciones tempranas y permitirían un tratamiento precoz.

Agentes antivirales

Durante casi cincuenta años después del descubrimiento de la penicilina en 1945, las infecciones bacterianas podían curarse con el antibiótico adecuado, mientras que la mayoría de infecciones víricas era intratable. El contraste tiene que ver con las diferencias que existen entre las bacterias y los virus y la forma en que causan enfermedades. Las bacterias patógenas son en su mayoría organismos unicelulares de vida libre capaces de invadir un organismo y de multiplicarse en él para causar así una enfermedad. Las bacterias cuentan con paredes celulares externas robustas esenciales para su supervivencia, y la penicilina y sus derivados tienen como diana esas estructuras únicas mientras dejan intactas las células anfitrionas. Sin embargo, los virus no son células y, puesto que usan la maquinaria de replicación de las células que infectan, se ha revelado difícil encontrar fármacos que impidan la replicación del virus sin dañar al huésped. A pesar de ello, ahora existen numerosos medicamentos antivirales aprobados para uso clínico, aunque la mayoría solo funciona contra un solo virus o grupo de virus.

El primer fármaco antiviral que se autorizó fue el aciclovir, fabricado en la década de 1970 y activo contra infecciones de herpesvirus como herpes labiales y herpes zóster (o culebrilla). El medicamento se camufla como nucleósido, un elemento constitutivo del ADN. Para que se incorpore al ADN del herpesvirus hay que añadir grupos fosfato a cada nucleósido mediante una enzima del herpesvirus llamada *timidina quinasa*. Este paso esencial restringe la actividad del fármaco a las células infectadas por el virus. El aciclovir fosforilado se une entonces a la cadena creciente de ADN viral y bloquea su extensión, lo que interrumpe la replicación del ADN viral. Como la diana del fármaco aciclovir es una función específica del virus, que en este caso es la replicación de su ADN, el medicamento evita las células anfitrionas no infectadas y, por tanto, no implica daños colaterales.

El reconocimiento de que el VIH era el causante del sida a comienzos de la década de 1980 impulsó el descubrimiento de los fármacos antivirales. Ahora hay muchos compuestos antirretrovirales diseñados de forma específica para el tratamiento del VIH que han transformado una infección siempre mortal en una enfermedad crónica. Varios compuestos antirretrovirales actúan de manera parecida al aciclovir, inhibiendo enzimas virales esenciales para la replicación del virus, en este caso teniendo como diana la transcriptasa inversa, la proteasa o la integrasa. Otros medicamentos inhiben la entrada del VIH en las células. Pero, como el VIH muta con frecuencia, enseguida genera resistencia a un único fármaco. En 1996 se vio que una combinación de al menos tres medicamentos de distintas clases (lo que entonces se llamó *terapia antirretroviral altamente activa* y ahora se conoce más en general como *terapia antirretroviral* –ARV–) era superior a la terapia con un solo fármaco. Si bien el control de por vida del VIH solo se puede lograr mediante un sometimiento estricto a este tratamiento, si se varía la combinación de fármacos al primer signo de resistencia (por lo común un aumento de la carga viral) o cuando los efectos secundarios se vuelven insoportables, la mayoría de las personas infectadas por VIH que reciben ARV tiene una esperanza de vida normal.

La gripe es otra infección que se puede tratar con diversos medicamentos antivirales. Estos se basan en dos modos de actuación: uno inhibe la enzima neuraminidasa del virus y el otro bloquea la entrada del virus en las células anfitrionas. Durante el breve periodo de tratamiento necesario para curar la gripe, la resistencia al fármaco no suele ser un problema, pero en una situación de epidemia o de pandemia sí puede serlo. Como vimos durante la pandemia de gripe A (H1N1) de 2009, numerosos gobiernos de países desarrollados hicieron acopio de Tamiflu (oseltamivir, que es un inhibidor de la neuraminidasa). Este remedio funcionó bien al principio de la pandemia, pero después empezaron a circular cepas resistentes del virus. La esperanza era que el medicamento sirviera como parche mientras se preparaba una vacuna. La maniobra funcionó más o menos bien, sobre todo en los casos graves. Sin embargo, como la cepa de la gripe pandémica resultó ser leve en términos generales, la estrategia no llegó a probarse en realidad.

Eliminación de virus persistentes de la hepatitis

A escala mundial los virus persistentes de la hepatitis B y C suponen un gran problema, ya que deparan unas 250.000 muertes al año. Y, sin embargo, algunas personas se libran de estos virus tras la primoinfección, de modo que el tratamiento aspira a inducir la eliminación del virus en quienes sufren una infección activa persistente. En la actualidad no siempre es posible, pero la combinación de fármacos antivirales y de estimuladores de la respuesta inmunitaria consigue suprimir a menudo la replicación del virus y restringir los daños hepáticos.

La citocina interferón alfa tiene efectos tanto antivirales como estimuladores de la respuesta inmunitaria y se usa para el tratamiento de ambos virus. Sin embargo, tiene un inconveniente grave. El método implica un proceso largo de inyecciones con algunos efectos secundarios desagradables que consisten en su mayoría en síntomas parecidos a los de la gripe junto con aturdimiento. A veces también causa depresión, y alrededor del 15 % de los pacientes es incapaz de completar el tratamiento.

Utilizado como terapia única, el interferón alfa brinda una respuesta sostenida hasta en el 40 % de los casos con infección persistente por VHB, y este sigue siendo el método de referencia en Reino Unido. Los fármacos antivirales individuales son muy eficaces contra el VHB, pero a menudo se observa una reemergencia del virus al suspender el tratamiento. Aunque la combinación del interferón alfa con fármacos antivirales para controlar el VHB no es la opción preferida en la actualidad, los estudios clínicos en curso aspiran a resolver esta cuestión. El VHC también reacciona ante el interferón alfa, y este arroja un índice de respuesta de hasta el 80 % al combinarlo con medicamentos antivirales. Sin embargo, los novedosos agentes antivirales contra el VHC (cada vez más empleados sin interferón alfa) ofrecen ahora la impresionante perspectiva de eliminar el virus en la mayoría de casos.

Diagnóstico de virus

En el transcurso de la historia, el diagnóstico y el tratamiento de las infecciones víricas han ido muy por detrás de los de las enfermedades bacterianas y solo ahora empiezan a igualarse. En un principio, los virus se identificaron como agentes infecciosos que pasaban a través de filtros con orificios lo bastante pequeños como para atrapar bacterias. Después, la invención del microscopio electrónico en la década de 1930 permitió ver los virus, lo que condujo a esclarecer su estructura, a desentrañar su ciclo de vida y a reconocer las diferentes familias. En cuanto se supo que los virus son parásitos que crecen en el interior de las células, se desarrollaron técnicas para el cultivo de células con el fin de criarlos y aislarlos. Estos métodos incluían el desarrollo de virus en huevos de gallina y en células cultivadas, y ambos sistemas revelaron un efecto citopático (ECP) inducido por el virus en las células infectadas por él que es característico de ciertos virus específicos. Sin embargo, el diagnóstico basado en la búsqueda del virus causante a través de la microscopia electrónica se reveló extremadamente ineficaz y lento, mientras que la aparición de ECP en huevos o células cultivadas requería varios días y solo funcionaba con una parte de los virus patógenos. Por esta razón muchas infecciones víricas no se diagnosticaron jamás hasta tiempos recientes, y en el caso de las que sí se diagnosticaban, los pacientes solían recuperarse del todo o morirse antes de llegar el resultado. De hecho, a falta de un tratamiento específico para las infecciones víricas en aquellos tiempos, muchas personas pensaban que tampoco importaba.

El descubrimiento de una técnica en la década de 1970 para producir y criar cantidades ilimitadas de anticuerpos con especificidades únicas y bien definidas (los denominados *anticuerpos monoclonales*) proporcionó reactivos específicos para proteínas virales concretas. Estos podían usarse para identificar células infectadas directamente en tejidos dañados y también para detectar anticuerpos contra virus específicos en muestras de sangre. Esto se convirtió en el gran pilar del diagnóstico viral hasta el advenimiento más reciente de la revolución molecular. En la actualidad se puede lograr un diagnóstico rápido mediante la detección de cantidades minúsculas de ADN o ARN viral en muestras de pacientes, de modo que apenas hay necesidad de realizar un cultivo del virus o de aislarlo. El gran avance llegó con la invención de la reacción en cadena de la polimerasa (conocida como *PCR* por sus siglas en inglés) en la década de 1980. Esta técnica utiliza una enzima natural llamada *ADN polimerasa* que es capaz de construir nuevas cadenas de ADN a partir de una plantilla para amplificar secuencias específicas de ADN. Esto permite amplificar secuencias específicas del genoma viral a partir de muestras clínicas hasta unos niveles detectables en cuestión de minutos. El diagnóstico en el mismo día es hoy una realidad, junto con las evaluaciones rápidas de cargas virales y de sensibilidad a los fármacos antivirales.

Además de revolucionar el diagnóstico virológico, la técnica de la PCR también ha desvelado grandes lagunas de diagnóstico. Los laboratorios especializados todavía son incapaces de localizar el virus culpable de muchas de las denominadas meningitis, encefalitis e infecciones respiratorias «víricas». Esto apunta con fuerza a que quedan muchos virus patógenos por descubrir y que, en estos casos, la PCR también es una herramienta clave para la investigación. Tras la secuenciación completa del genoma humano ya se pueden identificar genes «extraños» en muestras clínicas humanas. Últimamente se han descubierto varios virus «nuevos» con este sistema, entre ellos el bocavirus humano, que se ha revelado como una causa común de infecciones respiratorias en niños. Pero estos descubrimientos solo son el principio; es de esperar que oigamos hablar de muchos más virus «nuevos» a lo largo de los próximos años.

10
Pasado, presente y futuro de los virus

El estudio de los virus tiene menos de cien años, pero los virus son parásitos antiguos cuya historia y evolución está estrechamente entrelazada a la nuestra.

Hasta el comienzo de la revolución de la agricultura unos 10.000 años atrás, nuestros ancestros eran cazadores-recolectores, vivían en grupos pequeños y se movían sin cesar de un lugar a otro. La población era escasa, pero a pesar de ello los virus persistentes, como los herpesvirus, conseguían proliferar. Claramente están bien adaptados al estilo de vida de los cazadores-recolectores, ya que logran infectar a casi toda la población esperando el momento para pasar de una generación a la siguiente. Lo más probable es que estos virus no supusieran una gran amenaza, pero el cambio al estilo de vida más sedentario de la agricultura trajo el problema de las zoonosis. Los numerosos virus «nuevos» que pasaron de los animales domésticos a los primeros agricultores provocaban infecciones graves.

El virus de la viruela mató a muchos millones de personas tras su transferencia a los humanos, un suceso que probablemente ocurrió en las primeras comunidades que se asentaron en los fértiles valles de los ríos Éufrates, Tigris, Nilo, Ganges e Indo, donde prosperó la agricultura. En efecto, textos egipcios antiguos escritos en torno al año 3730 a.C. hacen referencia a una enfermedad parecida a la viruela, y algunas momias egipcias, incluida la del faraón Ramsés V, que data del año 1157 a.C., tienen lesiones en la piel como las de la viruela. La primera epidemia documentada fue la peste de Atenas en el año 430 a.C., que ocurrió durante la Guerra del Peloponeso entre los atenienses, liderados por Pericles, y los espartanos, y la mayoría de los expertos cree que se debió a la viruela. Cuando Pericles cerró Atenas para protegerla del avance de la infantería espartana, no sabía que estaba proporcionando a los microbios un entorno ideal para proliferar. Como la ciudad se superpobló con la llegada de los refugiados del campo, el virus arraigó y azotó la ciudad durante cuatro años en los que acabó con la vida de miles, incluida la del propio Pericles. Esto supuso la perdición de los atenienses y su derrota anunció el fin del imperio griego.

A medida que crecía la población en las ciudades de Europa y Asia, la viruela se convertía en un visitante regular que llegaba a matar al 30 % de los infectados. La viruela no se conocía en el «Nuevo Mundo» hasta que fue introducida allí, junto con muchos otros microbios, por los conquistadores españoles en el siglo XVI. Sin inmunidad o resistencia genética al virus, los nativos de América sufrieron enormemente. Desaparecieron tribus enteras, y la población se desplomó un 90 % a lo largo de los 120 años siguientes. Cuando llegaron los invasores españoles tanto los aztecas de México como los incas de Perú tenían una población de entre veinte y treinta millones de personas y ejércitos inmensos. Sin embargo, en 1521 Hernán Cortés derrotó a los aztecas con unos seiscientos soldados, y Francisco Pizarro conquistó igualmente a los incas con tan solo doscientos hombres en 1532. Ambos contaron con la ayuda de la viruela, seguramente combinada con otros microbios que acabaron de forma simultánea con la mitad de la población. Los supervivientes quedaron tan confusos y desmoralizados que los invasores españoles tuvieron fácil la victoria.

Es indudable que la fiebre amarilla, junto con la viruela, el sarampión, la malaria y otros microbios importados, tuvo que ver en la despoblación de las islas del Caribe, y que estas plagas atacaron con igual virulencia a americanos nativos y colonizadores europeos. De hecho, Napoleón tenía la intención de convertir Santo Domingo en la capital de su imperio en el Nuevo Mundo y en el puerto de entrada a la propiedad francesa de Louisiana hasta que la fiebre amarilla acabó con su sueño. Su ejército fue incapaz de sofocar la rebelión esclava encabezada por Toussaint Louverture que comenzó en 1791 y, aunque envió refuerzos, en 1802 su ejército había perdido más de 40.000 hombres, muchos de ellos por fiebre amarilla. Aquello los obligó a rendirse y a abandonar la isla, lo que puso fin a las esperanzas de expansión por el Nuevo Mundo que había abrigado Napoleón, de modo que vendió el estado de Louisiana a EE. UU. por quince millones de dólares.

La fiebre amarilla también frustró los esfuerzos franceses por construir el canal de Panamá a finales del siglo XIX. Pelearon para conseguirlo durante veinte años antes de rendirse, y los estadounidenses acabaron completando el proyecto en 1913 con un coste total de 28.000 vidas humanas y trescientos millones de dólares.

¿Qué cabe esperar de los virus en el futuro?

Sabemos que los virus están por todas partes y que la virosfera tiene una diversidad inmensa. Este reservorio arrojará sin duda alguna nuevos patógenos humanos de cuando en cuando; la pregunta es: ¿estamos preparados? Más en concreto, ¿podemos predecir, controlar, tratar y prevenir nuevas infecciones víricas humanas? En el capítulo 9 vimos que la revolución genómica tuvo un impacto directo en la virología, ya que proporcionó pruebas diagnósticas nuevas y rápidas, vacunas selectivas y fármacos antivirales de diseño. El desenlace de la epidemia de SARS de 2001 evidencia que estas herramientas se pueden utilizar de manera eficaz. En cuanto se identificó el coronavirus del SARS, se secuenció su genoma y se prepararon test diagnósticos, todo ello en cuestión de meses. Si el virus volviera a asomar su fea cabeza de nuevo, estaríamos preparados con medicamentos antivirales y vacunas. Una situación similar, aunque a una escala mucho mayor, se dio durante la pandemia de gripe A de 2009. El genoma del virus se secuenció con rapidez, se crearon antivirales de prevención y tratamiento, y se desarrolló una vacuna en seis meses. Aun así, tanto el SARS como la gripe A se propagaron mucho más allá del lugar donde empezaron antes de ser identificados como amenaza, lo que indica que el eslabón más débil de la cadena puede estar en la previsión de un brote. Esto fue lo que sucedió con la epidemia de Ébola de 2014-2016 en África occidental, donde al parecer el virus llevaba unos diez años circulando por el medio natural local sin que reparáramos en ello antes de que estallara el brote.

Aunque sabemos que la mayoría de virus emergentes salta de animales al ser humano, estamos lejos de poder predecir en qué momento y lugar surgirá la próxima amenaza viral. En la década de 1950 la OMS creó la Red Mundial de Vigilancia de la Gripe, formada por más de noventa países, con la intención de detectar nuevas cepas de gripe capaces de provocar una pandemia. Pero aun así, en 2009, cuando toda la atención se centraba en la gripe aviar A (H5N1) de Asia, nadie reparó en la aparición de la gripe A (H1N1) en México. Está claro que una opción sensata para seguir avanzando es el estudio y el seguimiento, en su huésped animal primario, de virus con potencial para ser una amenaza. Pero esto implicaría una inversión de tiempo y de dinero que pocos gobiernos u organismos están dispuestos a realizar. En el momento presente deberíamos asegurarnos de que todos los países disponen de mecanismos de vigilancia capaces de detectar una infección emergente y de atajarla de raíz.

Al mismo tiempo que se persiguen los virus emergentes, la comunidad científica también busca causas virales para las enfermedades raras o «huérfanas». Una de ellas la encarna el síndrome de fatiga crónica (SFC; antes denominada *encefalomielitis miálgica*, o *EM*), reconocida durante mucho tiempo como un conjunto bastante vago de síntomas. En la actualidad se define como una «fatiga física y mental severa sin otros signos clínicos, que no remite con el descanso y se prolonga como mínimo durante seis meses». El síndrome afecta a unas 250.000 personas en Reino Unido y ahora está reconocido por el Departamento de Salud de este país como una enfermedad crónica debilitante. Sin embargo, se desconoce su causa; algunos le atribuyen un origen sicológico, mientras que otros sospechan que se debe a un agente infeccioso. De vez en cuando aparecen titulares de prensa que lo asocian a posibles virus, como enterovirus, VEB y otros herpesvirus, pero de momento las pruebas que hay son poco concluyentes.

Además de predecir e identificar infecciones «nuevas», también podemos contar con que el descubrimiento de virus continúe a buen ritmo en el siglo XXI. Con el empleo de las tecnologías moleculares modernas es probable que muchas enfermedades, incluidos algunos cánceres, se identifiquen como virales, lo que dará lugar a vacunas preventivas y tratamientos novedosos. Ya se están realizando ensayos clínicos con unas pocas vacunas terapéuticas diseñadas para activar la respuesta inmunitaria contra virus tumorales en personas con este tipo de tumores. Y, a medida que avance el conocimiento sobre las interacciones inmunitarias, será viable una manipulación más sofisticada de la respuesta inmunitaria para inclinar la balanza en favor de la destrucción tumoral. A este respecto se están logrando resultados prometedores con ensayos de inmunoterapia que emplean herramientas diversas, como anticuerpos específicos y células T que tienen como diana las células tumorales infectadas con el virus, y hay esperanzas de que esta forma más natural de tratamiento pueda reemplazar en los casos adecuados los programas de quimioterapia y radioterapia y sus desagradables efectos secundarios.

Un hallazgo interesante es que hay indicios de que los virus, aparte de causar las enfermedades infecciosas tradicionales, también intervienen en la aparición de ciertas enfermedades crónicas no infecciosas. Por ejemplo, la esclerosis múltiple, una enfermedad debilitante del sistema nervioso que suele afectar a adultos jóvenes, se ha relacionado con una primoinfección tardía con VEB, debido a la similitud apreciada en la epidemiología de la esclerosis múltiple y de la fiebre glandular que provoca el VEB. Ambas enfermedades son más comunes en grupos socioeconómicos altos de países ricos, la esclerosis múltiple es bastante más común en personas que han sufrido fiebre glandular, y cada vez hay más signos de una relación directa entre el VEB y la esclerosis múltiple.

Otro ejemplo lo constituye el herpesvirus citomegalovirus (CMV), detectado como infección persistente en alrededor del 50 % de la población del mundo desarrollado, que se ha relacionado con la cardiopatía coronaria. El virus se puede encontrar en placas de ateroma de arterias enfermas donde la inflamación crónica que causa puede contribuir al bloqueo subsiguiente del flujo sanguíneo, lo que provoca un ataque al corazón. Estas asociaciones curiosas justifican sin duda que prosiga la investigación. Como hemos visto en el caso del cáncer, aunque los virus puedan representar tan solo un eslabón de la cadena de acontecimientos que conducen a la enfermedad, su eliminación serviría para prevenir la aparición del mal.

A lo largo del presente siglo podemos contar con que aparezcan amenazas creadas por el ser humano que, en el peor de los casos, podrán impactar en nuestra carga de infecciones víricas. La idea de usar microbios como armas de destrucción masiva no es nueva, y el hecho de que su fabricación se prohibiera en el Protocolo de Ginebra de 1925 no impidió que varios países emprendieran costosos programas para desarrollar y probar los mejores candidatos. Hasta la Convención sobre Armas Biológicas de 1975 fracasó en su intento por detener por completo esta actividad. Como son bastante baratos y fáciles de fabricar en instalaciones camufladas como plantas de producción de vacunas, el temor es que grupos terroristas logren fabricar microbios letales. Su liberación sería difícil de detener a tiempo para evitar un desastre a gran escala, puesto que son invisibles, inodoros, insípidos, a menudo estables, eficaces en cantidades minúsculas y fáciles de transportar a través de fronteras internacionales sin que nadie los descubra. Pueden servir para ataques dirigidos y para aplicaciones más amplias que afecten a grandes poblaciones. Son varios los virus que conforman la lista de las grandes amenazas potenciales, pero el virus del Ébola y el de la viruela se cuentan entre los más mortíferos de todos. Otros virus, como los rotavirus, podrían utilizarse para debilitar poblaciones provocando diarreas y vómitos. Pero, aunque en efecto debilitarían a la población, deberían ser tratables.

La amenaza de los virus creados por el ser humano no se limita al empleo de armas de destrucción masiva, sino que incluye la propagación involuntaria de virus patógenos. Por ejemplo, los xenotrasplantes, que consisten en el empleo de órganos animales, como los de los cerdos, para reemplazar órganos humanos dañados, tal vez parezcan un método razonable para resolver la larga lista de espera para el trasplante de órganos. Pero no sabemos casi nada sobre los virus que portan esos animales, y lo poco que se sabe sobre virus porcinos apunta a que sus retrovirus pueden infectar células humanas.

Las fugas de laboratorios también son un motivo de inquietud. Aunque la mayoría de estas situaciones pertenece al mundo de las pesadillas, la fuga de virus no carece de precedentes (el virus de la gripe que se escapó de un laboratorio ruso y causó una pandemia en 1977 ofrece un buen ejemplo; véase el capítulo 4), y, por sorprendente que parezca, los últimos casos de viruela se produjeron cuando el virus se fugó de un laboratorio de la Universidad de Birmingham, Reino Unido, en 1978. Como los virus se usan ahora de forma habitual en los laboratorios como vectores para genes ajenos, está garantizado el empleo de medidas de seguridad extremas cuando se maneja este material. Los virus genéticamente modificados también se usan para suministrar vacunas o corregir un gen defectuoso. Un ensayo clínico temprano de terapia génica resultó desastroso cuando el retrovirus vector empleado para suministrar un gen corrector a niños con inmunodeficiencia hereditaria causó leucemia en dos de cada diez pacientes, debido a la integración retroviral en su ADN cerca de un protooncogén llamado *LMO2*. La leucemia en aquellos niños se trató con éxito, pero aun así el incidente supuso un grave revés para la aplicación clínica de la manipulación genética.

Hoy nos encontramos en un momento apasionante de progreso tecnológico veloz similar al que vivió Gran Bretaña con la Revolución Industrial en el siglo XIX. Esto deparará sin duda tratamientos médicos muy mejorados, pero debemos asegurarnos de que este entusiasmo no sobrepasa nuestra capacidad para actuar de forma segura. Los avances terapéuticos siempre tienen que fundamentarse en la investigación de base que ilumina el conocimiento de los procesos patológicos.

Deberíamos tener muy presente la advertencia del virólogo ya fallecido George Klein:

El virus más estúpido es más listo que el más listo de los virólogos.

199

Glosario

Las palabras marcadas con asterisco (*) figuran como entradas en este glosario, de modo que su definición se da aquí para no repetirla cada vez que aparecen.

aciclovir: fármaco que inhibe el desarrollo de ciertos herpesvirus*. Se usa sobre todo para evitar o tratar herpes genital y oral y herpes zóster.

adenovirus: virus de ADN que debe su nombre a las células adenoides humanas porque se aisló por primera vez a partir de ellas. El virus causa infecciones respiratorias y oculares y se ha usado como vector para secuencias de ADN en terapia génica experimental.

ADN (ácido desoxirribonucleico): molécula autorreplicante que porta el material genético de todos los organismos, salvo el de los virus de *ARN*.

áfido*: insecto pequeño que se alimenta de savia de las plantas.

aflatoxina B1: toxina* producida por el hongo *Aspergillus flavus.*

agente filtrable: término utilizado en un principio para designar a los virus, es decir a los agentes infecciosos que pasan a través de un filtro con huecos tan pequeños que retienen las bacterias.

anticuerpo: molécula formada por linfocitos B* que circula por la sangre y los fluidos corporales y que se puede unir a un antígeno* específico y es capaz de neutralizarlo.

anticuerpos monoclonales: anticuerpos* monoespecíficos creados a partir de un cultivo de linfocitos B* clonados. Se usan como reactivo para identificar infecciones virales y para inmunoterapia.

antígeno: sustancia ajena, por lo común una proteína, que es capaz de inducir una respuesta inmunitaria en el cuerpo.

apoptosis: muerte celular controlada. Término formado por los vocablos griegos *apo* y *ptosis,* que significan «que cae de». También se conoce como *muerte celular programada.*

aptitud viral: capacidad de un virus para competir con otras variedades del mismo grupo de virus.

árbol evolutivo: véase *árbol filogenético.*

árbol filogenético (árbol evolutivo): diagrama ramificado que representa la relación evolutiva entre distintas especies.

arbovirus: virus que se transmite a, y entre, humanos a través de un insecto vector.

ARN (ácido ribonucleico): uno de los dos tipos de ácido nucleico que existen en la naturaleza, junto con el ADN*. Conforma el material genético de algunos virus.

ARN de interferencia: sistema que controla la expresión génica mediante la unión de moléculas pequeñas complementarias (interferentes) de ARN* para formar hebras de ARN. Este mecanismo, también denominado *silenciamiento génico,* se utiliza como defensa contra microbios* y parásitos.

arqueas: uno de los tres dominios del árbol de la vida *(Archaea)*; los otros dos son el de las bacterias* *(Bacteria)* y los eucariotas* *(Eukarya)*.

Bacillus anthracis: bacteria causante del ántrax, llamada así por el color negro de las lesiones que produce.

bacteria: microorganismo unicelular que conforma uno de los tres dominios de la vida *(Bacteria)*.

bacteriófago: grupo de virus que infectan bacterias.

bocavirus: parvovirus cuyo nombre deriva de los dos huéspedes que se le conocen, el ganado bovino y los perros (o sea, **bó**vidos y **cá**nidos), y que recientemente se ha identificado como causante de la enfermedad respiratoria infantil en humanos.

bronquiolitis: inflamación de los bronquiolos, los conductos más pequeños para el paso del aire dentro de los pulmones.

c-myc: oncogén* implicado en varias formas de cáncer, incluido el linfoma de Burkitt.

caldo primordial: la mezcla de sustancias químicas naturales de la que emergió la vida por vez primera.

cápside: cubierta de proteína que rodea el material genético de un virus.

capsómero: subunidad de proteína de la cápside* viral.

carga viral: medida del nivel de un virus en la sangre.

caso índice: primer caso de una enfermedad infecciosa dentro de una población y del cual derivaron todos los demás.

CD4: molécula superficial de los linfocitos T* (o células T) que indica su función cooperadora.

CD8: molécula superficial de los linfocitos T* (o células T) que indica su función citotóxica (aniquiladora).

célula de Langerhans: macrófago* localizado en la piel y en otras superficies corporales.

célula T aniquiladora: véase *célula T citotóxica*.

célula T citotóxica (célula T aniquiladora): linfocito T* con la capacidad para aniquilar células infectadas con virus. Estas células suelen portar el marcador *CD8*.

célula T cooperadora: linfocito T* que porta el marcador *CD4* y ayuda a otros subconjuntos de linfocitos a generar una respuesta inmunitaria.

célula T de memoria: linfocito B* o T* de larga duración que ha sido estimulado por su antígeno específico y es capaz de responder con rapidez en un segundo encuentro.

célula T reguladora: célula T* que controla la intensidad de la respuesta inmunitaria generando citocinas* inhibidoras.

células polimorfas (leucocitos polimorfonucleares): una clase de células blancas de la sangre llamadas así por la forma diversa de su núcleo lobulado. También reciben el nombre de *granulocitos*. Son células con gránulos que contienen sustancias antimicrobianas y que intervienen en el ataque inmunitario contra infecciones bacterianas. Acuden a lugares infectados y mueren en ellos formando la sustancia que conocemos como *pus*.

cianobacterias: bacterias* de vida libre capaces de fotosintetizar. Antes se conocían como *algas verdeazules*.

cianófago: virus que infecta a cianobacterias*.

cirrosis: ciactrización (fibrosis) en el hígado causada por una toxina* o virus y que deriva en fallo hepático.

citocina: mensajero químico soluble que regula las respuestas inmunitarias.

citoplasma: la parte de la célula que rodea el núcleo* y que alberga los orgánulos*.

coevolución: evolución conjunta de dos especies, por lo común con un beneficio mutuo para ambas.

conjuntivitis: inflamación del epitelio superficial del ojo (la conjuntiva).

coronavirus del SARS: virus causante del SARS. La familia de los coronavirus debe su nombre a que tiene una estructura parecida a una corona.

cromosoma: estructura de ADN* y proteína en forma de hebra que porta los genes*. Se encuentra en el *núcleo* de la célula.

crup: resfriado severo en niños debido a la infección de la laringe y la tráquea, a menudo causado por el virus de la parainfluenza o el virus respiratorio sincitial*.

cuasiespecies: conjunto de virus muy emparentados que mutan* con rapidez mientras compiten entre sí por la aptitud viral*.

deriva antigénica: acumulación lenta de mutaciones* en el genoma* de un virus, como el virus de la gripe, que con el tiempo le permite vencer la respuesta inmunitaria generada contra el virus progenitor.

desregulación génica: pérdida del control de la expresión de un gen* específico.

Devónico: periodo geológico que abarca desde 416 hasta 359 millones de años atrás; forma parte de la era del Paleozoico. Debe su nombre al condado de Devon (RU), el lugar donde se estudiaron por primera vez rocas de este periodo.

echovirus: virus huérfano citopático entérico humano (ECHO, por sus siglas en inglés), un picornavirus (virus de ARN *pico*, que significa «pequeño») que debe su nombre a que cuando se aisló por primera vez no estaba asociado a ninguna enfermedad. Ahora se sabe que causa conjuntivitis* y una patología febril parecida a la gripe.

ecosistema: comunidad automantenida de organismos en interacción.

efecto citopático: daño celular causado por el desarrollo de ciertos virus en células cultivadas.

encefalitis: inflamación del cerebro.

encefalomielitis miálgica (EM): véase *síndrome de fatiga crónica*.

endémico: que suele encontrarse en una zona geográfica o población particulares.

enfermedad autoinmunitaria: enfermedad causada por células del sistema inmunitario propio o anticuerpos* que reaccionan con estructuras normales del cuerpo y las dañan.

enfermedad de inclusión citomegálica: enfermedad congénita causada por la infección intrauterina con citomegalovirus. Los síntomas en el bebé pueden incluir retraso en el crecimiento, sordera, baja coagulación sanguínea e inflamación de hígado, pulmones, corazón y cerebro.

envoltura viral: membrana ligera que rodea algunos virus y deriva de material celular.

epidemia: aumento pasajero a gran escala de una enfermedad dentro de una comunidad o región.

epitelio escamoso: estructura en múltiples capas que reviste la parte exterior del cuerpo y que conforma la piel y ciertas superficies internas que incluyen la boca, la garganta, el esófago y la vagina.

eucariota: organismo perteneciente al dominio *Eukarya*, que abarca todos los seres vivos excepto las bacterias* y las arqueas*.

extremófilo: tipo de organismo unicelular capaz de sobrevivir en unas condiciones ambientales extremas.

fago lítico: bacteriófago* que infecta y mata bacterias.

fago toxigénico: fago (véase *bacteriófago*) que contiene un gen* tóxico y mata las bacterias que infecta.

fiebre glandular: véase *virus de Epstein-Barr (VEB)*.

fitoplancton: plantas microscópicas del océano que ocupan el escalafón más bajo de la cadena alimenticia marina.

flavivirus: familia de virus transportados por insectos que incluyen el virus de la fiebre amarilla y cuyo nombre deriva del término latino *flavus*, que significa «amarillo».

fotosíntesis: proceso químico que convierte dióxido de carbono en azúcar y oxígeno empleando energía solar. Lo realizan sobre todo las plantas.

ganglios del trigémino: los ganglios nerviosos bilaterales del quinto par craneal situados en la base del cráneo.

ganglios sacros: parte de una cadena de ganglios nerviosos o cuerpos celulares de nervios, que discurre a lo largo de la columna vertebral por la parte del sacro.

gen: la parte de un cromosoma*, por lo común ADN*, que codifica una proteína específica.

gen supresor de tumores: gen* que controla negativamente la división celular. Varios virus tumorales desactivan estos genes, con lo que provocan un incremento de la proliferación celular.

genoma: material genético* de un organismo.

glándulas parótidas: glándulas bilaterales situadas en las mejillas y que producen saliva. Suelen inflamarse con las paperas.

gonococo: también conocida como *Neisseria gonorrhoeae*, es una bacteria de transmisión sexual.

hemaglutinina: proteína superficial del virus de la gripe* que actúa como receptor de un virus e induce una respuesta inmunitaria.

herpes labial: lesión cutánea que suele aparecer en la cara cerca de los labios y que es causada por el virus herpes simplex.

herpesvirus: familia de virus de ADN* que incluye los causantes del herpes labial, la varicela y el herpes zóster. El término *herpes* deriva del vocablo griego *herpeton*, que significa «reptil», y probablemente haga referencia a la naturaleza móvil de las lesiones del herpes zóster (también conocido como *culebrilla*).

herpesvirus del sarcoma de Kaposi (HVSK): herpesvirus (también llamado *herpesvirus humano 8*, o *HVH8*) causante del sarcoma de Kaposi, una enfermedad bautizada con el nombre del médico que describió por primera vez este tumor.

hipótesis de la higiene: teoría que sostiene que la no exposición a agentes infecciosos durante la infancia crea una predisposición a sufrir patologías alérgicas y autoinmunitarias.

ictericia: coloración amarillenta de la piel y la conjuntiva asociada a patologías hepáticas.

implantación: inoculación de «limaduras» de viruela para inducir inmunidad sin necesidad de pasar una enfermedad severa. También llamada *variolización*.

infección latente: infección vírica de una célula en la que se expresan pocas o ninguna proteína. Es típica de las infecciones de herpesvirus*, lo que permite su persistencia a largo plazo.

infección nosocomial: infección adquirida en un hospital. Deriva del vocablo griego *nosokomeion*, que significa «hospital».

infección oportunista: infección que prospera cuando el huésped está inmunodeprimido.

infección primaria: enfermedad causada por un organismo la primera vez que infecta a un individuo. Se caracteriza por una respuesta del anticuerpo* inmunoglobulina M.

inmunopatología: daño tisular causado por la respuesta inmunitaria.

inoculación: en su origen el término se empleó para referirse a la técnica de infectar con una dosis pequeña de viruela para inducir inmunidad sin sufrir una enfermedad grave. Ahora se utiliza para aludir a la inyección de cualquier material infeccioso.

integración: el proceso de incorporación de una secuencia de ADN* en otra cadena de ADN. Es un paso esencial en el ciclo vital del retrovirus*.

integrasa: la enzima que facilita la integración* del provirus* retroviral en ADN* anfitrión.

interferón: familia de citocinas* con propiedades antivirales.

interleucina-2: una citocina* esencial para el desarrollo y la supervivencia de las células T (linfocitos T*).

linfocitos: células blancas de la sangre (o leucocitos) con diversas funciones y que coordinan una respuesta inmunitaria específica (véase *linfocito B, linfocito T* y *célula T cooperadora, citotóxica, de memoria* y *reguladora*).

linfocitos B o células B: célula productora de anticuerpos* que se desarrolla a partir de células madre de la médula ósea, circula por la sangre y madura en los nódulos linfáticos.

linfocitos T (o célula T): el tipo de linfocito* que genera la respuesta inmunitaria específica de mediación celular esencial para controlar infecciones virales. Véase además *célula T cooperadora, citotóxica (aniquiladora), reguladora* y *de memoria*.

macrófago: célula inmunitaria móvil que se encuentra en los tejidos, donde inicia una respuesta inmunitaria mediante la producción de *citocinas*. Los macrófagos engullen y destruyen material extraño y muerto; su nombre significa «gran apetito».

material genético: véase ADN* y ARN*.

Media Luna Fértil: región geográfica situada en el territorio que hoy pertenece a Iraq e Irán, situado entre los ríos Tigris y Éufrates, donde los arqueólogos sitúan el origen de la agricultura.

memoria inmunitaria: capacidad del sistema inmunitario para «recordar» la exposición previa a un organismo infeccioso y para evitar ataques futuros. Es una respuesta mediada por las células T* de memoria.

meningitis: inflamación de las meninges, las membranas que envuelven el cerebro.

mesotelioma: tumor de las células mesoteliales que revisten la cavidad pulmonar asociado a la inhalación de amianto.

microbio: término genérico que se emplea para designar a cualquier organismo microscópico, incluidos virus, bacterias, arqueas y parásitos unicelulares.

microcefalia: cráneo pequeño congénito que conduce a un desarrollo reducido del cerebro.

microscopio electrónico: microscopio que emplea un haz de electrones en lugar de luz. Ofrece aumentos superiores a 100.000 veces el tamaño real.

mimivirus: virus de descubrimiento reciente de un tamaño tan grande que al principio se pensó que era una *bacteria*. El término proviene del nombre en inglés *Microbe Mimicking Virus* o «virus imitador de microbios».

mitocondrias: orgánulos[*] celulares encargados de la respiración y la producción de energía. Se cree que derivan de proteobacterias.

monocito: célula inmunitaria circulante que al madurar en los tejidos se convierte en macrófago[*].

muerte celular programada: véase *apoptosis*.

mutación: cambio genético que se transmite a la descendencia y, con ello, aporta variantes heredables.

neoplasia: otra forma de llamar a un tumor o cáncer. El término significa «crecimiento nuevo».

neoplasia intraepitelial cervical (NIC): lesión precancerosa del cuello uterino confinada en la capa superficial del epitelio.

neumonía: inflamación del tejido pulmonar.

neumonía atípica: inflamación del tejido pulmonar inducida por factores distintos al bacteriano.

neuraminidasa: enzima presente en la superficie de partículas del virus de la gripe[*] que destruye el ácido neuramínico (siálico). Forma parte del receptor del virus de la gripe para unirse a células e induce una respuesta inmunitaria en los huéspedes infectados.

norovirus: calicivirus causante de brotes agudos de gastroenteritis. Con anterioridad se conocía como *agente Norwalk* por un brote que se produjo en esta localidad de EE. UU., hasta que el nombre se acortó a *norovirus* en el año 2002.

núcleo: término derivado de *nucleus*, la palabra latina para nombrar los frutos blandos envueltos por una cáscara dura; es el orgánulo[*] membranoso que alberga los cromosomas[*] de las células eucariotas[*].

nucleósido: una base, por ejemplo, citosina, unida a una molécula de azúcar. Los nucleósidos pueden fosforilarse dentro de una célula para formar nucleótidos, los elementos constitutivos esenciales del ADN* y el ARN*.

oncogén: gen* capaz de transformar una célula normal en una célula tumoral.

orgánulo: estructura subcelular, como podrían ser el núcleo*, la mitocondria* o el ribosoma*.

orquitis: inflamación de los testículos.

oseltamivir (Tamiflu): fármaco antiviral activo contra el *virus de la gripe*. Su acción consiste en bloquear la actividad de la enzima viral neuraminidasa, lo que impide que las células infectadas liberen nuevos virus.

pandemia: epidemia* que afecta a más de un continente al mismo tiempo.

panencefalitis esclerosante subaguda (PEES): consecuencia rara y mortal del sarampión causada por una infección viral persistente en el tejido cerebral.

panspermia: teoría que defiende que la vida existe en todo el universo y que los microbios llegaron a la Tierra en los cometas. El término deriva de los vocablos griegos *pan*, que significa «todo», y *spermia*, que significa «semilla».

panzootia: pandemia entre animales.

papilomavirus: familia de virus que causan tumores epiteliales benignos, como las verrugas vulgares o plantares, y los tumores malignos del cáncer de útero, pene, cabeza y garganta. El nombre procede del término latino *papilla*, que significa «pezón».

parásito: organismo que vive sobre otro o dentro de él y obtiene un beneficio a su costa.

parásito obligado: organismo que depende por completo de otras formas de vida, como los virus.

pares de bases: pares de nucleótidos que conforman las «letras» del código genético. En el ADN*, la adenina (A) se empareja con la timina (T), y la citosina (C) se une a la guanina (G).

patógeno: organismo que causa una enfermedad.

periodo de incubación: espacio de tiempo transcurrido desde la infección hasta la aparición de síntomas.

placa de ateroma: depósito de grasa en el revestimiento de una arteria que provoca un estrechamiento del vaso sanguíneo y favorece su obstrucción.

plancton: formas de vida microscópicas que pululan a la deriva por los océanos.

plasmodesmos: canales microscópicos de las paredes celulares de las plantas que permiten el transporte de moléculas entre células adyacentes.

primoinfección: véase infección primaria*.

procariota: conjunto de los organismos que carecen tanto de núcleo* como de orgánulos* y suelen ser unicelulares, que incluyen a todas las bacterias* y arqueas*.

protooncogén: oncogén* dentro de un genoma* celular que ha sido transducido* por un virus.

provirus: secuencias virales integradas* en el genoma* del huésped.

punto de ajuste viral: nivel estable de un virus en la sangre durante una infección latente* o persistente.

reacción en cadena de la polimerasa (PCR): técnica para amplificar una sola secuencia de *ADN* miles o millones de veces.

reactivación: reinicio de la replicación viral a partir de una infección latente*.

receptor de quimiocina de tipo 5 (CCR5): molécula de la superficie celular que actúa como correceptor esencial para la entrada del VIH.

reloj molecular: medición de la diferencia molecular entre dos *genomas* como método para determinar la distancia evolutiva entre ambos.

retrovirus: familia de virus que comprende los virus del VIH. Se llaman así porque son capaces de transcribir a la inversa el *ARN* en *ADN* y de *integrarse* en el *genoma* del huésped.

ribosoma: *orgánulo* celular que fabrica proteínas a partir de aminoácidos.

rinovirus: virus del resfriado común. Pertenece a la familia de los picornavirus y su nombre deriva del término griego *rhis*, que significa «nariz».

rotavirus: conjunto de virus que causan gastroenteritis en niños. El nombre deriva del término latino *rota*, que significa «rueda», y alude a la forma a la que se asemeja su estructura.

sífilis: enfermedad de transmisión sexual causada por la bacteria *Treponema pallidum*.

síndrome de artrogriposis-hidranencefalia: contracción de tendones que causa flexión persistente de las extremidades unida a un exceso de fluido en el cerebro.

síndrome de fatiga crónica (SFC): enfermedad caracterizada por un agotamiento severo a lo largo de seis meses y sin otros signos clínicos. También se denomina *encefalomielitis miálgica* (EM).

síndrome de Guillain-Barré: enfermedad autoinmunitaria rara que causa debilidad muscular y a veces deriva en parálisis.

síndrome de inmunodeficiencia adquirida (sida): fase de la infección por el *virus de inmunodeficiencia humana* que se caracteriza por infecciones oportunistas recurrentes.

síndrome de la Guerra del Golfo: combinación variable de síntomas sicológicos y físicos sufrida por veteranos de la Guerra del Golfo.

síndrome respiratorio agudo grave (SARS): infección emergente que da lugar a una enfermedad respiratoria aguda que resulta mortal en alrededor del 10 % de los casos.

síndrome respiratorio de Oriente Medio (MERS): enfermedad respiratoria aguda y emergente similar al SARS que se da sobre todo en países de Oriente Medio y se cree que pasó al ser humano desde los camellos. El causante de esta enfermedad es el coronavirus del MERS (MERS-CoV).

síndrome retroviral agudo: síndrome causado por la infección primaria del virus de inmunodeficiencia humana* caracterizado por malestar general, fiebre, dolor de garganta, inflamación de ganglios y erupción cutánea que dura entre dos y seis semanas.

***Staphylococcus aureus* resistente a meticilina (SARM)**: bacteria resistente a los antibióticos más utilizados y que supone un problema en los casos de infecciones intrahospitalarias.

Tamiflu: véase *oseltamivir.*

timidina quinasa: enzima que se encuentra en la mayoría de las células de mamífero y que fosforila la desoxitimidina, un proceso esencial para fabricar *ADN*. Algunos virus codifican una timidina quinasa viral, un requisito indispensable para que actúen ciertos fármacos antivirales, como el aciclovir*.

tormenta de citocinas: liberación masiva e inadecuada de citocinas que se produce tras la estimulación del sistema inmunitario.

toxina: veneno químico soluble producido por bacterias que se puede destruir con calor.

transcriptasa inversa: enzima utilizada por los retro-virus* para transcribir a la inversa su genoma de ARN* en ADN*.

transducción: adquisición por parte de un virus de un gen* celular.

transformación: alteración de una célula normal en célula maligna.

translocación cromosómica: transferencia incorrecta de material genético de un cromosoma* a otro, lo que causa una anomalía cromosómica.

Treponema pallidum: bacteria espiroqueta causante de la sífilis.

último ancestro universal celular (LUCA, por sus siglas en inglés): el ancestro común de los tres dominios de la vida: arqueas, bacterias y eucariotas.

vacuna: material derivado de un organismo infeccioso que se introduce en el organismo para generar una respuesta inmunitaria protectora sin pasar la enfermedad.

vacuna de ADN desnudo: vacuna* compuesta por una secuencia de ADN* que codifica una proteína inmunogénica.

vacuna postexposición: vacuna* que se administra después de la infección con la intención de prevenir o aliviar los síntomas.

vacuna recombinante: vacuna* sintética creada a partir de una subunidad viral. Puede consistir en una proteína o en una secuencia genómica.

vacuna viva atenuada: preparado vacunal que contiene una forma no patógena de un microbio e induce inmunidad sin enfermedad.

vacunación: proceso consistente en la administración de una vacuna*. La palabra proviene del término *vaca*, porque se usó por primera vez para vacunar contra la viruela[*], pero ahora el término se emplea de forma generalizada.

variación antigénica: cambio genético considerable en un genoma[*] viral, como el del virus de la gripe, debido a una reordenación de genes y que puede dar lugar a una cepa pandémica.

variolización: véase *implantación*.

vector: medio en el que un virus se traslada de un huésped a otro, por ejemplo, un insecto. El término también se emplea para aludir a la transferencia artificial de material genético a una célula u organismo, por ejemplo, un adenovirus vector empleado para suministrar ADN[*] «ajeno» como vacuna[*].

verruga: tumor benigno de la piel causado por un papilomavirus[*].

Vibrio cholerae: bacteria causante del cólera.

viremia: virus en la sangre.

virión: partícula de un virus.

virosfera: el gran conjunto de los virus presente en el medio.

viruela: infección aguda grave causada por el virus *Variola major*. Se caracteriza por la aparición de pústulas en la piel y debe su nombre al término *variola*, del latín medieval, que significa «pústula».

virulencia: grado de patogenicidad de un microbio[*] dependiendo de su capacidad para invadir y dañar tejidos y matar al huésped.

virus: pequeño agente infeccioso que solo puede replicarse en el interior de una célula viva. El término *virus* proviene del latín y significa «ponzoña», «veneno» o «fluido viscoso».

virus de Epstein-Barr (VEB): virus que causa fiebre glandular (mononucleosis infecciosa) y está asociado a varios tumores humanos. El virus debe su nombre a los científicos que lo descubrieron, Anthony Epstein e Yvonne Barr.

virus de Hendra: paramixovirus denominado en su origen *morbilivirus equino*. Debe su nombre a Hendra, un lugar de Australia donde causó un brote de una infección respiratoria mortal en caballos y personas en 1994.

virus de inmunodeficiencia humana (VIH): conjunto de retrovirus* causantes de sida. Hasta la fecha el ser humano se ha infectado con los subtipos M, N, O, P del VIH-1 y con el VIH-2, todos ellos adquiridos de primates africanos.

virus de la chikunguña: arbovirus transmitido por mosquitos que causa la fiebre de la chikunguña, una enfermedad parecida a la gripe y asociada a fuertes dolores de articulaciones. Los dolores pueden persistir durante años y causar deformidad, de ahí su nombre, que significa «enfermedad del retorcido».

virus de la enfermedad de Marek: herpesvirus* que causa tumores en pollos de corral. Debe su nombre a Jozsef Marek, quien describió la enfermedad en 1907.

virus de la fiebre amarilla: flavivirus* transmitido por mosquitos que causa fiebre amarilla, caracterizada por fiebre e ictericia*.

virus de la fiebre del Valle del Rift: arbovirus* propagado por mosquitos entre humanos y rumiantes. Causa la fiebre del Valle del Rift, que suele ser una enfermedad leve pero puede desencadenar patologías hepáticas y renales y complicaciones hemorrágicas.

virus de la gripe (virus de la influenza): ortomixovirus que causa epidemias y pandemias de gripe.

La enfermedad se denominó *influenza* en italiano («influencia») en el siglo xv, porque se creía que la causaba un influjo sobrenatural malévolo.

virus de la hepatitis B: causa principal de la enfermedad crónica hepática y del cáncer de hígado. Virus de ADN* de la familia hepadnavirus, nombre derivado de *hepa* (o sea, hígado), DNA *(ADN)* y virus.

virus de la influenza: véase *virus de la gripe.*

virus de la lengua azul: virus del género orbivirus (así llamados porque la cápside* tiene forma de anillo –*orbis*–) transportado por jejenes.

virus de la peste bovina: morbilivirus emparentado con el virus del sarampión. Fue un virus que causaba una enfermedad mortal en rumiantes y que en la actualidad se ha erradicado a escala mundial.

virus de Nipah: paramixovirus relacionado con el virus de Hendra*. Es una infección natural en los murciélagos frugívoros (también conocidos como *zorros voladores*) que puede causar enfermedades a otros animales, incluida la encefalitis* en el ser humano. Debe su nombre a la localidad de Malasia donde vivía la persona a partir de la cual se aisló por primera vez.

virus de Schmallenberg: arbovirus emergente que infecta al ganado. Se propaga a través de jejenes, la infección suele ser subclínica, pero en animales preñados puede deparar malformaciones fetales.

virus del dengue: flavivirus causante de la fiebre del dengue, a menudo llamada fiebre «rompehuesos» o «quebrantahuesos» por los terribles dolores de huesos, articulaciones y músculos que provoca.

virus del Ébola: filovirus (del latín *filum*, que significa «hilo» y hace referencia a la estructura filamentosa de estos virus) que causa la enfermedad del Ébola.

Debe su nombre al río Ébola de la República Democrática del Congo, cerca de la ciudad de Yambuku, donde se declaró el primer brote.

virus del mosaico del tabaco: un tobamovirus (de *tobacco mosaic*) llamado así por el patrón moteado que produce en las hojas de las plantas infectadas.

virus JC: poliomavirus causante de una enfermedad cerebral degenerativa. Debe su nombre a las iniciales del paciente con el que se aisló por primera vez.

virus respiratorio sincitial: una de las causas de enfermedad respiratoria en niños. Debe su nombre a que la infección provoca la fusión de membranas celulares, lo que da lugar a sincitios (una célula con varios núcleos).

virus TT (VTT): anellovirus ubicuo descrito recientemente. Debe su nombre a las iniciales de la persona con la que se aisló por primera vez y no parece ser patógeno.

virus zoonótico: virus que pasa al ser humano desde un huésped animal.

zoonosis: enfermedad infecciosa del ser humano que se adquiere desde una fuente animal.

zooplancton: conjunto de animales invertebrados que conforman el *plancton*.

Lecturas adicionales

Capítulo 1: ¿Qué son los virus?
D. H. Crawford, *The Invisible Enemy: A Natural History of Viruses* (Oxford University Press, 2000).

Capítulo 2: Los virus están por todas partes
B. La Scola, S. Audic, C. Robert, L. Jungang, X. de Lamballerie, M. Drancourt, R. Birtles, J. M. Claverie y D. Raoult, «A Giant Virus in Amoebae», *Science*, 299 (2003): 2033.

C. A. Suttle, «Viruses in the Sea», *Nature*, 437 (2005): 356-61.

L. Ledford, «Death and Life Beneath the Sea Floor», *Nature*, 545 (2008): 1038.

K. M. Oliver, P. H. Degnan, M. S. Hunter y N. A. Moran, «Bacteriophages Encode Factors Required for Protection in a Symbiotic Mutualism», *Science*, 325 (2009): 992-4.

Capítulo 3: Matar o morir
P. Horvath y R. Barrangou, «CRISPR/Cas, the Immune System of Bacteria and Archaea», *Science*, 327 (2010): 167-70.

Capítulo 4: Infecciones por virus emergentes: virus transmitidos por vertebrados
P. M. Sharp y B. H. Hahn, «Origin of HIV and the AIDS pandemic», *Cold Spring Harbor Perspectives in Medicine*, 1 (1) (sept. 2011): a006841. doi: 10.1101/cshperspect. a006841.

A. J. McMichael, «Environmental and Social Influences on Emerging Infectious Diseases: Past, Present and Future», *Philosophical Transactions of the Royal Society of London*, B 359 (2004): 1049-58.

D. H. Crawford, *Virus Hunt: The Search for the Origin of HIV* (Oxford University Press, 2013).

D. H. Crawford, *Ebola: Profile of a Killer Virus* (Oxford University Press, 2016).

D. T. S. Hayman, «As the Bat Flies», *Science*, 354 (2016): 1099-1100.

I. G. Barr y F. Y. K. Wong, «Avian Influenza: Why the Concern?», *Microbiology Australia* (2016): 162-6.

D. MacKenzie, «The Coming Plague», *New Scientist*, 25 febrero de 2017: 29-33.

Capítulo 5: Infecciones por virus emergentes: virus transmitidos por artrópodos

M. Stewart, «A Spotlight on Bluetongue Virus», *Microbiology Today*, 16 de noviembre de 2016: 162-5.

C. I. Paules y A. S. Fauci, «Yellow Fever: Once Again on the Radar in the Americas», *New England Journal of Medicine* 376 (2017): 1397-9.

J. R. Powell, «Mosquitoes on the Move», *Science*, 352 (2016): 971-2.

G. Vogel, «One Year Later, Zika Scientists Prepare for a Long War», *Science*, 354 (2016): 1088-9.

J. A. Rottingen, D. Gouglas, M. Feinberg, et al., «New Vaccines against Epidemic Infectious Diseases», *New England Journal of Medicine* 376 (2017): 610-13.

Capítulo 6: Epidemias y pandemias

J. Diamond, *Guns, Germs and Steel: A Short History of Everybody for the Last 13,000 Years* (Vintage, 1998).

P. Aaby, «Is Susceptibility to Severe Infection in Low-Income Countries Inherited or Acquired?», *Journal of Internal Medicine*, 261 (2007): 112-22.

Capítulo 7: Virus persistentes

D. A. Thorley-Lawson, «Epstein-Barr Virus: Exploiting the Immune System», *Nature Reviews Immunology*, 1 (2001): 75-82.

Capítulo 8: Virus tumorales

E. D. Pleasance et al., «A Comprehensive Catalogue of Somatic Mutations from a Human Cancer Genome», *Nature*, 463 (2010): 191-6.

A. S. Evans y N. E. Mueller, «Viruses and Cancer: Causal Associations», *Annals of Epidemiology*, 1 (1990): 71-92.

Capítulo 9: Cambiar las tornas

F. Fenner, D. A. Henderson, I. Arita, et al., *Smallpox and its Eradication* (OMS, Ginebra, 1988).

A. J. Wakefield, S. H. Murch, A. Anthony, et al., «Ileal-Lymphoid-Nodular Hyperplasia, Non-Specific Colitis, and Pervasive Development Disorder in Children», *Lancet*, 351 (1998): 637-41.

C. Dyer, «Lancet Retracts MMR Paper after GMC Finds Andrew Wakefield Guilty of Dishonesty», *British Medical Journal*, 349 (2010): 281.

A. S. Fauci, «Pathogenesis of HIV Disease: Opportunities for New Preventive Interventions», *Clinical Infectious Diseases*, 45 (Suppl. 4, 2007): S206-12.

Capítulo 10: Pasado, presente y futuro de los virus

D. H. Crawford, *Deadly Companions: How Microbes Shaped our History* (Oxford University Press, 2007).

S. Hacein-bey-Abina et al., «LMO2-Associated Clonal T Cell Proliferation in Two Patients after Gene Therapy for SCID-X1», *Science*, 302 (2003): 415-19.

Agradecimientos del editor

El poema «The Microbe» de la obra More Beasts (for Worse Children) de Hilaire Belloc se ha reproducido en la obra original en inglés con el permiso de Peters Fraser & Dunlop (www.petersfraserdunlop.com), agencia gestora del legado de Hilaire Belloc.

Índice analítico